川西北地区高寒沙地林草植被恢复

鄢武先　邓东周　等著

U0197808

科学出版社

北　京

内 容 简 介

土地沙化是川西北高原面临的重大生态环境问题，本书针对川西北高寒区沙地植被重建困难、生态恢复缓慢的重大技术瓶颈问题，以恢复沙地灌草为突破口，率先研究了高寒沙地立地分类、沙生植物种质资源评价、优良治沙植物品种选育、治沙植物规模化繁育与栽培、土壤改良与流沙固定、恢复策略与恢复模式等关键技术，形成了先进实用的川西北地区高寒沙地林草植被恢复技术体系。研究成果同步为防沙治沙试点工程提供了具体的科技支撑，其应用规模、技术的先进性和独特性均处于世界领先水平，确保了工程建设质量。林草植被恢复的效果已经显现，植被盖度平均增加了 20%以上。

本书可为政府决策提供重要的科学依据，可用于沙化土地治理工程设计，可直接指导沙化土地治理施工管理及技术培训，也可供生态学、水土保持学、环境学、林学等专业的大专院校师生及科研人员参考。

图书在版编目(CIP)数据

川西北地区高寒沙地林草植被恢复 / 鄢武先等著. — 北京：科学出版社，2020.6

ISBN 978-7-03-065136-5

Ⅰ.①川… Ⅱ.①鄢… Ⅲ.①寒冷地区-沙漠-植被-生态恢复-研究-四川 Ⅳ.①S156.5

中国版本图书馆 CIP 数据核字 (2020) 第 083513 号

责任编辑：孟 锐／责任校对：彭 映
责任印制：罗 科／封面设计：墨创文化

科学出版社 出版

北京东黄城根北街 16 号
邮政编码：100717
http://www.sciencep.com

成都锦瑞印刷有限责任公司印刷

科学出版社发行 各地新华书店经销

*

2020 年 6 月第 一 版 开本：787×1092 1/16
2020 年 6 月第一次印刷 印张：10.75
字数：255 000

定价：108.00 元
（如有印装质量问题，我社负责调换）

编　委　会

前　　言

　　川西北地区地处青藏高原东南缘，是长江、黄河重要的水源发源地、水源涵养区和集水区，孕育了金沙江、雅砻江、岷江、黑河、白河等众多河流及大量的高原湖泊、国际重要湿地，素有"中华水塔"之称，是全面建成长江上游生态屏障、推动黄河流域生态保护和高质量发展的重要支撑，也是《全国主体功能区规划》确定的"两屏三带"生态安全战略格局和四川"四区八带多点"重点生态功能区的关键地区，生态区位十分重要。

　　在全球气候变化大背景和区域特殊地质条件下，川西北地区由于超载过牧、开沟排水和滥采乱挖等不合理的生产利用方式，导致区域土地不断沙化，这已成为青藏高原东南缘突出的生态问题。据监测，川西北地区高峰时期沙化土地面积达 82.19 万 hm^2（$1hm^2$=10000m^2）（第四次全省荒漠化和沙化监测报告），比 1949 年增加 6.03 倍，年增长率 3.4%，近 60 年来，川西北高寒区沙化土地的急剧扩张，已成为区域重大生态问题。监测数据显示，川西北地区沙化是以中轻度、露沙地、斑块状沙化等为主要特征，大多具有一定的植被基础和土壤条件，总体处于初始阶段，但局部地区已严重恶化，属于沙化演变和扩张恶化的关键期，目前正是川西北沙化土地治理的最有利时机。

　　川西北高寒区海拔高、积温低，沙地植被重建困难、生态恢复缓慢。本书针对区域沙化土地林草植被恢复中的关键瓶颈技术难题，以恢复沙地灌草为突破口，通过创建立地分类系统、挖掘沙生植物种质资源、选育优良治沙植物、规模化繁育种苗、植被恢复模式等技术创新，以及流沙固定、土壤改良、微生境栽植、牧草混播等关键技术研发，建立了高寒沙地植被恢复技术示范样板，形成了川西北高寒沙地林草植被恢复关键技术体系，治理区植被盖度平均提高 20%以上，实现了高寒地区沙化土地的成功治理。

　　本项目技术被国家林业局、四川省林业厅等有关部门列为重点科技成果推广技术，已在我国的四川、青海、甘肃、宁夏、西藏等省（区）累计推广应用 50 万余亩（1 亩=666.67m^2），取得了显著的生态、社会和经济效益。本书对我国青藏高原及相似重要生态区域的沙化土地治理和植被恢复具有一定的理论意义与实践指导作用。

　　多年来，本书对应课题组成员团结一致、辛勤劳动，长期奋战在高寒地区沙化土地治理研究的第一线。本书的出版是集体劳动与智慧的结晶，作者衷心的感谢所有为本书做出贡献的同志们！在本项目研究过程中先后得到国家林草局、中国林业科学研究院、北京林业大学、四川省科技厅、四川省林草局（原四川省林业厅）、四川省林业科学研究院、四川省林业和草原调查规划院、四川省草原科学研究院等有关领导和专家的指导、支持与关怀，还得到阿坝州和甘孜州各级政府、林草部门的大力支持与配合，在此表示衷心感谢！

　　由于时间匆忙，作者水平有限，书中疏漏和不足之处在所难免，恳请广大读者批评指正。

目　　录

第1章　川西北沙化土地概况

荒漠化是当前全球广泛关注的重大环境问题之一,全球荒漠化的土地已达到3600万km²,世界上1/5的人口受到荒漠化威胁。我国是世界上荒漠化最为严重的国家之一,2011年公布的《中国荒漠化和沙化状况公报》显示,我国荒漠化土地面积为262.37万km²,占国土总面积的27.33%;沙化土地面积为173.11万km²,占国土总面积的18.03%。土地沙化作为最为严重的荒漠化问题,不仅严重破坏生态环境,导致贫困,而且吞噬了中华民族的生存与发展空间,阻碍全面建设小康社会进程,给国民经济和社会可持续发展造成了极大危害,已成为中华民族的心腹之患。因此,如何实现沙化土地治理,遏制土地沙化、退化的发生一直为我国政府高度重视,"十五""十一五""十二五"国家发展计划都把荒漠化防治作为优先发展主题,党的十八大报告也提出"推进荒漠化、石漠化、水土流失综合治理。"

中国作为《联合国防治荒漠化公约》缔约成员国,在干旱区、半干旱区和干旱的亚湿润区防风固沙、工程治理、生物治理技术方面处于国际领先水平,在土地沙化治理方面一直走在世界的前列,并取得了举世瞩目的成就。根据第4次全国荒漠化和沙化监测报告,至2009年,我国土地荒漠化和沙化整体上得到初步遏制,荒漠化和沙化土地面积持续减少,仅有川西北、塔里木河下游等局部地区沙化土地仍在扩展。

川西北地处青藏高原东南缘高寒地区,自然条件恶劣,海拔高、积温低,植被恢复难度极大,研究基础非常薄弱,国内外相关研究成果不能有效支撑全国的防沙治沙工程建设,高寒沙地植被保存率极低,导致土地沙化的趋势未能得到遏制。四川省林业科学研究院等科研单位自2002年以来,就立足于川西北土地沙化、退化及其林草植被的恢复存在的技术难题,开展沙化土地植被恢复研究。特别是"十一五"以来,其与中国林科院荒漠化研究所、北京林业大学水土保持学院等单位开展了深入合作,在治沙植物材料选择、高寒沙地立地分类、退化土地改良、流沙固定等方面进行系统研究,为川西北防沙治沙试点工程建设提供了有效的科技支撑。

1.1　区域背景

四川地形地貌整体格局由四川盆地、云贵高原延伸部分(凉山州和攀枝花市)以及青藏高原东南缘(甘孜州和阿坝州)三个板块构成,其中,青藏高原的东南缘板块(也被称为川西北地区),包括广元、都江堰、雅安、冕宁、木里南(泸沽湖)一线以西的高山高原地区,地势由西北向东南倾斜,金沙江、雅砻江、大渡河与沙鲁里山、大雪山相间呈平行排列,从西北流向东南,构成了横断山的北段。根据自然地理分区,本区可划分为龙门山、岷山山地-大渡河上游山原与峡谷区,甘孜-理塘高原丘陵区,雅砻江-金沙江山原与峡谷区,若尔盖-红原平坦高原区，石渠-色达高原丘陵区等五个亚区。川西北沙化主要的分布区在理塘-甘孜区，石渠-色达区和若尔盖-红原区等三大区(图1.1)。

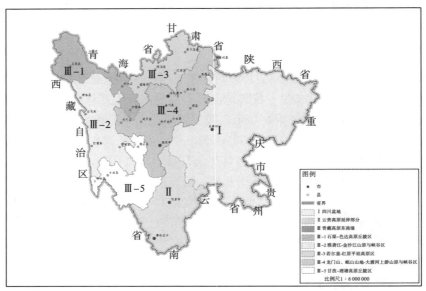

图1.1　川西北地区土地沙化分布示意图

川西北地区位于我国大西南与大西北、四川盆地与青藏高原的结合部，地处长江、黄河源头，是长江、黄河中上游重要的水源供给区，也是全国第二大藏区、第五大牧区，对于维系国家生态安全和民族地区和谐稳定，都有着极为特殊的地位和重要影响。

(1)川西北地区是青藏高原重要组成部分，是我国西北地区与西南地区连接的关键过渡带。川西北位于青藏高原东南缘，该区的自然地貌、植被类型、民族特点皆与青藏高原地区相似，是青藏高原的重要组成部分。该区属季风活动区，由于其特殊的高原地貌(隆起和抬升的山地和山谷的特征变化)，流经此处的季风方向与大环境季风方向不同，流经川西北的特有的季风通过四周的山谷形成的风谷，与我国西北、东北方向的主要沙区贯通。川西北相对西部和北方干旱地区是一个高原平台，具有形成"高原热力滑轮效应"的条件。进而影响到西部和北部的干旱地区。从系统稳定和平衡的广义角度看，西部和北部的主要干旱区与川西北地区高原平台有"峡谷"和季风相连，在大环境条件下，它们是一个整体，西部和北部的干旱区问题不仅是干旱区自身的问题，也应与与其相邻的川西北地区有着直接的关系，川西北的生态建设直接关系到我国青藏高原以及西北地区的生态安全。

(2)川西北地区水资源状况直接影响到长江和黄河中上游地区经济社会发展和三峡库区的生态安全。川西北地处长江、黄河上游及源头，是长江黄河上游重要的水源涵养地，是中华民族"水塔"的重要组成部分，是长江黄河的重要水源供给源之一，是长江、黄河流域重要的生态屏障，其生态状况的好坏对中下游地区的生态安全和全国水资源保护总体战略的实施起着决定性的作用，是我国城市化和工业化进程的制约因素之一。国家正在实施的"南水北调"工程，长江上游的水资源保障能力是关键。上游草地水源的涵养不但关系到区域经济的持续发展，还会左右全国水资源利用战略的决策，具有十分重要的意义。

(3) 川西北地区生物多样性丰富而独特，属全球生物多样性保护关键区域。川西北地区是"世界第三极"，生态系统类型多样，而且是我国最大的高原沼泽植被集中分布区，为野生动植物的生存、繁衍提供了良好环境，野生动植物资源丰富，属全球 34 个生物多样性热点地区之一，是全球生物基因库的重要组成部分。据初步统计，川西北地区有哺乳动物约 140 种，分属 9 目 26 科；鸟类 436 种，分属 20 目 65 科；两栖类 30 种，分属 2 目 6 科；爬行类 31 种，分属 1 目 4 科；鱼类 30 种，分属 3 目 5 科。仅若尔盖国家级湿地自然保护区就有脊椎动物 29 目 65 科 251 种，其中，鱼纲 2 目 4 科 19 种，两栖纲 2 目 3 科 4 种，爬行纲 2 目 3 科 4 种，鸟纲 15 目 34 科 162 种，哺乳纲 8 目 21 科 62 种。若尔盖高原沼泽是鸟禽最重要的繁殖栖息地，仅国家 I 级重点保护的鸟类就有黑颈鹤（*Grus nigricdlis*）、白鹳（*Ciconia boyciana*）、黑鹳（*Ciconia nigra*）、玉带海雕（*Haliaeetus leucoryphus*）等 9 种，是国家 I 级保护动物黑颈鹤的主要繁殖栖息地，世界上近 1/10 的野生黑颈鹤生活在若尔盖湿地，具有重要的生物多样性保护意义。

(4) 川西北地区是我国第二大藏区，经济社会发展相对滞后。川西北地区主要居住着藏族、彝族、羌族等少数民族，该区人口以藏族为主，是我国第二大藏区。历史上素有"汉藏走廊"之称，该区也是全国唯一的羌族聚集区，还是我国生态保护与建设的重点地区，地处反分裂的前沿阵地，在维护祖国统一、加强民族团结方面具有重要的战略地位。川西北草地每年出栏牦牛 100 万头，藏绵羊 205 万只，是全国五大牧区之一，已成为我国为数不多的无公害特色优质动物产品的生产基地。特别值得一提的是，在社会主义新农村建设、现代农业开发的形势下，川西北草地在拓展农牧民收入来源渠道、增加农牧民经济收入方面具有重要意义。由于海拔高，气候严寒，生产、生活条件恶劣，农牧民收入较低，年人均纯收入不足 3000 元，川西北草原牧区已成为贫困人口比较集中的地区。1991 年，江泽民同志视察四川时，明确提出了"稳藏必先安康"的战略思想，因此川西北的和谐健康发展直接关系到民族地区的社会稳定和长治久安。

(5) 川西北地区自然景观独特，旅游资源富集，是全球最有潜力的旅游目的地之一。川西北地区的旅游资源丰富而独特，若尔盖有九曲黄河第一弯、包座原始森林、热尔大草原等自然景观以及红军长征三过草地等丰富的红色旅游资源，近年来又开发了藏族风情游，有"中国黑颈鹤之乡"和"最美丽的高寒湿地"之称。川西北高原区拥有美丽的蓝天白云，连绵起伏的雪山，广袤的森林，无尽的草原，还有高原沼泽、湖泊集群以及多姿多彩的"康巴文化"等人文景观，风光绮丽，魅力无限。世界级的生态旅游景区星罗棋布，其中甘孜州的稻城亚丁等是香格里拉旅游区的重要组成部分。在四川省十大生态旅游景区评选中，措普、九寨沟、稻城亚丁、贡嘎山、察青松多、黄龙位居前六名。川西北的生态旅游在我国当代旅游业发展中异军突起，成为我国最有潜力的旅游地区，逐渐发展为当地重要的支柱产业。

川西北地区生态环境极为脆弱，属高原寒温带湿润季风气候，常年无夏，大于等于 5℃的积温为 1000~1300℃，大于等于 10℃的积温为 300~600℃，分别只有我国其他荒漠化地区平均水平的 1/2 和 1/3。而降水量为 600~800mm，年均相对湿度达 60%，是我国其他荒漠化地区的 2~10 倍。区域内海拔多在 3000m 以上，比内蒙古高原巴丹吉林沙漠高 1700m，比腾格里沙漠高 1600m，比新疆塔克拉玛干沙漠高 2000m，比青海柴达木盆地沙漠高 500～1000m。川西北高寒沙区每年 9 月下旬土地就开始冻结，5 月中旬完全解冻，冻土最深达 72cm。长期以来，受气候变化和人类不合理活动的干扰，林草植被极易遭到破坏，导致土地退化、沙化，湿地不断萎缩。由于该区与国内外其他荒漠化地区的自然条件差异巨大，相关治沙成果难以直接应用于该区的土地沙化治理；而该区的研究基础相对薄弱，林草植被的技术瓶颈一直未能得到根本解决，限制了我国防沙治沙工程在该区域的实施。直到 2002 年以后，四川省林业科学研究院与中国林业科学研究院荒漠化研究所、北京林业大学水土保持学院等相关单位在前期研究的基础上，对区域沙化土地的现状、植被恢复的技术难题等进行重点攻关研究，有力地推动了我国防沙治沙工程在川西北地区的开展，区域土地沙化恶化的趋势才开始得到根本性扭转。

1.2 沙化现状与分布

川西北地区的土地沙化问题几乎每一个县都存在，涉及的范围比较广，既有点状的零星分布，也有面积较大集中成片分布。但真正影响区域生态环境或严重地影响到当地经济社会的沙化地还是集中在高寒草地区。

四川省森林资源和荒漠化监测中心的监测结果表明：川西北地区沙化主要集中分布在四川省的阿坝、甘孜两州。如图 1.2 所示，截至 2009 年，川西北地区的沙化土地总面积为 82.19 万 hm^2（$1hm^2=10000m^2$），占川西北地区辖区面积的 3.56%。按行政区划分，甘孜州沙化土地 64.96 万 hm^2，占川西北沙化土地面积的 79.0%，占该州辖区面积的 4.2%；阿坝州沙化土地 17.23 万 hm^2，占川西北沙化土地面积的 21.0%，占该州辖区面积的 2.0%。按自然类型区划分，高寒草地沙化土地 64.70 万 hm^2，占川西北沙化土地面积的 78.7%；干旱河谷沙化土地 17.49 万 hm^2，占川西北沙化土地面积的 21.3%。

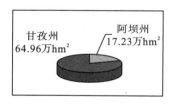
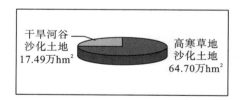

图 1.2 沙化土地面积分布图

川西北地区沙化以中轻度高寒草地沙化为主，沙化类型齐全，主要为露沙地。具有规模大、分布广、呈斑块状等特点，但总体尚处于初始阶段，以轻度和中度沙化为主，重度和极重度居次。据监测，川西北沙化土地中轻度沙化土地 58.59 万 hm^2，占沙化土地面积的 71.3%；中度沙化土地 18.45 万 hm^2，占比 22.4%；重度沙化土地 4.18 万 hm^2，占比 5.1%；极重度沙化土地 0.97 万 hm^2，占比 1.2%。

川西北地区沙化从自然地理分区上主要分布在川西高原及高原丘陵区。根据区域自然地理特征，结合沙化状况，可将川西北地区的沙化划分为 5 个亚区。即理塘-甘孜草地沙化亚区，石渠-色达草地沙化亚区、若尔盖-红原草地沙化亚区、岷江-大渡河干旱河谷沙化亚区以及雅砻江-大渡河干热河谷沙化亚区。

其中高寒草地沙化最集中的区域为：①理塘-甘孜亚区。包括理塘、巴塘、德格、甘孜等县的高原丘陵区部分，辖区面积 40408.3km²，沙化面积 560.5km²。沙化面积占辖区面积的 1.4%。②石渠-色达亚区。石渠县全部以及炉霍县、色达县的高原丘陵区部分，辖区面积 40277.0 km²，沙化面积 3151.1 km²，沙化面积占 7.8%。③若尔盖-红原亚区。阿坝县全县以及壤塘、红原、若尔盖等县高原部分，辖区面积 31152.7 km²，沙化面积 811.1 km²，沙化面积占 2.6%。

1.3　沙化的演变过程

1.3.1　60 年来沙化土地演变动态

根据四川省沙化监测中心数据，对 1949～2009 年统计资料和实地监测资料进行综合分析，川西北沙化土地的形成和发展按 1949 年、1960 年、1970 年、1990 年、1994 年、1999 年、2004 年、2009 年八个时段，对川西北沙化土地的发展趋势进行综合分析（表 1.1，图 1.3）。

表 1.1　60 年来川西北沙化土地面积变化表

年份	1949 年	1960 年	1970 年	1990 年	1994 年	1999 年	2004 年	2009 年
面积（万 hm²）	11.69	16.97	24.39	54.19	64.16	70.53	74.50	82.19

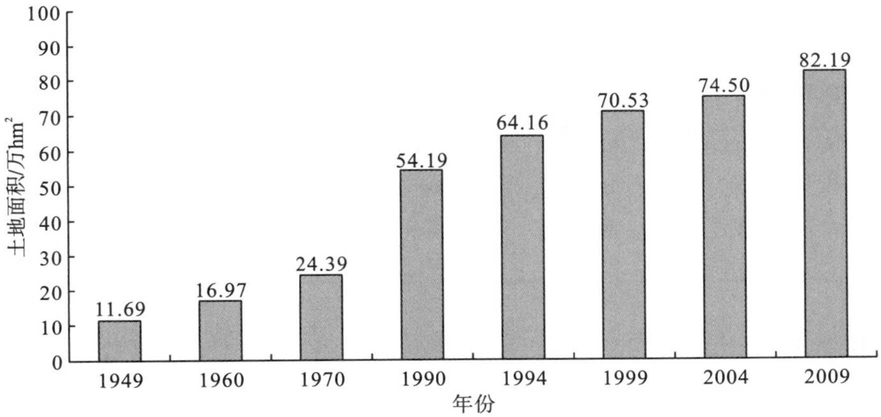

图 1.3　60 年来川西北沙化土地面积变化图

注：1980 年代的资料缺。

1949 年的沙化土地为 11.69 万 hm²，仅占辖区面积的 0.52%，对整个川西北广袤的草地和森林区来说是微不足道的。但是，到 2009 年沙化面积增加到 82.19 万 hm²，占辖区面积的 3.13%，是 1949 年的 7.03 倍。从年增长率来看，20 世纪 50 年代和 60 年代沙化面积的年增长率为 3.6%，20 世纪 70 年代、80 年代和 90 年代的年增长率为 4.1%。由此看来，近 30 年来川西北地区的沙化速度明显最快，一直呈上升趋势。

从沙化土地面积增长趋势来看（表 1.2），20 世纪 60 年代较 50 年代增加了 5.28 万 hm²，

70 年代较 60 年代增加了 7.42 万 hm²，90 年代较 70 年代增加了 29.80 万 hm²，较 20 世纪 90 年代增加了 16.43 万 hm²。这样，可以直观看出，近 30 年沙化面积增长的绝对量是十分惊人的，沙化的形势相当严峻。

表 1.2　川西北地区不同时段沙化面积变化表

时段(年)	1949~1960	1960~1970	1970~1990	1990~1999	1999~2014
阶段增长面积(万 hm²)	5.28	7.42	29.80	16.3	9.20
年均增长面积(万 hm²)	0.26	0.74	1.49	1.83	0.61

1.3.2　15 年来沙化土地类型结构分析

1994 年四川省沙化监测中心建立，从此，四川开始了定量定期的规范化沙化监测。实地监测资料(表 1.3)表明：近 15 年四川土地沙化一直呈上升趋势，从 1994 年的 64.16 万 hm² 增加到了 2009 年的 82.19 万 hm²，15 年间沙化总面积增加了 28.1%。其中，流动沙地面积由 0.62 万 hm² 增加到 0.73 万 hm²，15 年净增 0.11 万 hm²，增加了 17.7%；半固定沙地面积由 0.71 万 hm² 增加到 2.25 万 hm²，15 年间净增 1.54 万 hm²，增加了 216.9%；固定沙地面积由 9.69 万 hm² 增加到 17.23 万 hm²，15 年间净增 7.54 万 hm²，增加了 77.8%；沙化耕地面积 1994 年为 1.49 万 hm²，2004 年增加到 1.59 万 hm²，而 2009 年又下降为 1.26 万 hm²，15 年期间减少 0.23 万 hm²，减少了 15.4%；露沙地面积由 51.64 万 hm²，增加到 60.72 万 hm²，15 年间净增 9.08 万 hm²，增加了 17.6%。

表 1.3　15 年间各类沙化土地变化趋势　　(单位：万 hm²)

年度	合计	流动沙地	半固定沙地	固定沙地	沙化耕地	露沙地
1994	64.16	0.62	0.71	9.69	1.49	51.64
1999	70.53	0.69	0.88	10.13	1.50	57.33
2004	74.50	0.83	1.32	10.13	1.59	60.63
2009	82.19	0.73	2.25	17.23	1.26	60.72

从上述近 15 年的监测数据分析可以看出，半固定沙地是增长速度最快的沙化土地类型，增加比例高达 216.9%，其次是固定沙地，增加比例为 77.8%，流动沙地和露沙地的增加比例为 15%~18%。只有耕地沙化有缩小的趋势，15 年期间沙化耕地减少了 15.4%。应该指出，沙化耕地的减少部分不是转为良性农地，而是转为半固定沙地。总体来看，川西北沙化仍然处于快速增长的趋势。

从沙化地的组成结构来看，露沙地面积占绝对优势，在不同的时段占沙化地总量的 85%~89%；其次是固定沙地，占总量的 12%~15%。从 15 年间沙化地增加量来看，也是露沙地增加量最大，增加了 9 万 hm²(表 1.4)，占 15 年间增加总量的 92%。露沙地增长速度相对不快，但绝对数量大，其发展演变不可小视，为新的固定沙地和流动沙地的迅猛形成和发展提供了沙源。由此看来，川西北地区的沙化进程并未得到有效遏制，草地处于整体退化趋势。

表 1.4　15 年间沙化类型结构变化表　　　　　　　　　（单位：hm²）

	总计	流动沙地	半固定沙地	固定沙地	沙化耕地	露沙地
1994～1999 年	6.38	0.07	0.17	0.44	0.01	5.69
1999～2009 年	11.66	0.04	1.37	7.10	-0.24	3.39
总和	18.04	0.11	1.54	7.54	-0.23	9.08

1.3.3　川西北地区沙化演变趋势

通过对川西北地区近 60 年沙化演变过程对比分析，初步得出川西北沙化演变趋势如下。

(1)川西北沙化规模呈逐年增长趋势。川西北沙化是适应区域自然环境变化的一种表现形式，具有起始早、过程长、由来已久等特点，1949～2009 年川西北地区沙化规模年均增加了 1.19 万 hm²。其中，1970～1990 年 20 年间沙化增长幅度最大，年均增加了 1.49 万 hm²，为 60 年平均年增加面积的 1.25 倍，沙化的加剧主要由这期间大量的挖沟排水、填湖造地等不合理人为活动导致。

(2)固定沙地和半固定沙地快速增长。川西北地区固定沙地和半固定沙地虽然占的比例不高(仅 23.7%)，但由于固定沙地对生态环境破坏大、恢复治理困难，为反映沙化严重程度的重要指标之一。根据 15 年沙化监测资料，固定沙地和半固定沙地近年来呈快速增长趋势，半固定沙地增长速度最快，增长速率高达 216.9%，固定沙地增长速率为 77.8%，反映出川西北地区相当部分沙化土地呈恶化的趋势。

(3)沙化类型多样，以露沙地为主。近 15 年的监测结果表明，川西北地区沙化以露沙地为主，占全部沙化土地的 73.9%，其次为固定沙地，占沙化土地的 21%，其余沙化类型面积相对较小。露沙地属于沙化的初期阶段，这类沙地植被盖度或郁闭度较低，部分地表呈现沙化特征，在风等外力影响下，地表沙化土壤就会四处飘散，处于沙化沙漠化的前期阶段。

(4)沙化以轻度或中度沙化为主，属于初始阶段。按照国家林业局有关沙化强度划分标准，川西北 2009 年轻度或中度沙化占沙化总规模的 90% 以上，可以认为，川西北地区沙化尚处于沙化的初始阶段，许多沙化地具有植物生长或植被恢复的基本条件，通过人工措施沙化地可恢复到原有的植被状态，表明川西北沙化整体属于可治理的阶段。

1.4　沙化扩大趋势预测

1.4.1　采用回归模型进行预测

1. 模型建立

沙化面积扩大的影响因素很多，其中既有全球气候变化大背景的影响，又有自身的经济社会因素的影响。考察发现，经济社会因素中的人口和大牲畜数量的增长与沙化面积的增长紧密相关，人口的增长必然导致川西北地区人民赖以生存和经济发展的大牲畜的数量增长，而大牲畜对土地破坏严重(特别是在过牧的情况下)，从而导致土地退化、沙化。川西北地区历年总人口、农牧人口、大牲畜数量如表 1.5 所示。

表 1.5　川西北地区历年人口数、大牲畜数量、沙化土地面积

年份	总人口(万人)	农牧人口(万人)	大牲畜数量(万头)	沙化土地面积(万 hm^2)
1952	88.17	78.88	203.06	13.00
1960	101.85	81.59	146.41	16.97
1970	117.65	97.31	264.99	24.39
1980	144.46	117.61	368.77	35.07
1990	158.94	132.41	673.7	54.19
2000	171.79	142.62	703.07	71.59
2005	176.63	144.52	721.89	75.62
2006	179.48	146.19	726.62	76.75
2007	182.84	149.02	728.52	77.90
2008	187.38	149.97	697.00	79.07
2009	187.92	151.25	704.87	82.19
增长率(%)	1.34	1.15	2.21	3.29

注：为使沙化面积与总人口、农牧人口、大牲畜数量对应，部分年份的沙化面积按其年代的增长率进行了调整。

　　根据表 1.5 的数据，可以分析出总人口、农牧人口、大牲畜数量及沙化土地面积变化趋势如图 1.4 所示。沙化土地面积增长与总人口、农牧人口、大牲畜数量呈一致性的增长，且在不同的时段增速基本一致(因为三条线几乎平行)，大牲畜数量在 1952～2009 年不同的年代略有波动，1960 年数量最低，到 2000 年以后基本处于一个稳定的数量。但总体来看，一致呈增长趋势，与沙化土地面积增长趋势一致，即随着大牲畜数量的增加，沙化面积也在增加。因此，选择总人口、农牧人口和大牲畜数量与沙化土地面积建立多元回归模型具有科学性，且完全符合川西北地区的实际。

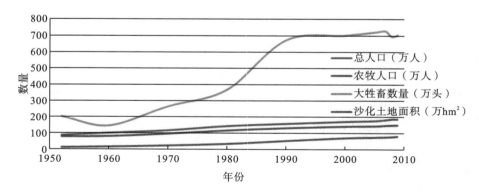

图 1.4　川西北人口、大牲畜数量、沙化土地面积增长趋势图

　　为此，以川西北地区总人口、农牧人口和大牲畜数量为自变量(x)，以沙化面积(y)为因变量，采用 SPSS 统计软件求解，建立多元回归模型，即

$$\hat{y} = -19.6248 + 1.100935x_1 - 1.0702x_2 + 0.07463351x_3 \tag{1.1}$$

式中，$\hat{y}$ 为预测值（估计值）；x_1 为总人口（万人）；x_2 为农牧人口（万人）；x_3 为大牲畜数量（万头）。

相关参数如下：相关系数为 $R=0.975559516$；剩余标准差为 $S=5.138147$；F 值为 $F=93.13668113$；自由度为 $f_1=3$，$f_2=7$。

根据自由度查相关系数检验表，在 0.01 的显著水平下 $R_\alpha=0.885$，$R>R_\alpha$，表明建立模型选择的总人口、农牧人口、大牲畜数量与沙化面积有很好的相关性。

根据 F 检验表，在 0.01 的显著水平下 $F_\alpha=8.45$，$F>F_\alpha$，表明建立的回归模型回归效果良好，可用于预测。

2. 扩大趋势预测

预测分为 2020 年和 2030 年两个时段进行，首先按 1952～2009 年的增长率，以 2009 年的数据为基数，采用复利公式 $P=A(1+i)^n$，对 2020 年和 2030 年的总人口、农牧人口和大牲畜数量进行预测。

2020 年：
总人口 $=187.92(1+1.34/100)^{11}=217.55$（万人）；
农牧人口 $=151.2456(1+1.15/100)^{11}=171.52$（万人）；
大牲畜数量 $=704.87(1+2.21/100)^{11}=896.47$（万头）。
2030 年：
总人口 $=187.92(1+1.34/100)^{21}=248.53$（万人）；
农牧人口 $=151.2456(1+1.15/100)^{21}=192.29$（万人）；
大牲畜数量 $=704.87(1+2.21/100)^{21}=1115.50$（万头）。
沙化面积预测：
2020 年沙化面积 $=-19.6248+1.100935\times217.55-1.0702\times171.52+0.07463351\times896.47=103.23$（万 hm^2）；
2030 年沙化面积 $=-19.6248+1.100935\times248.53-1.0702\times192.29+0.07463351\times1115.50=131.46$（万 hm^2）。

1.4.2　采用复利公式进行静态预测

通过对川西北地区近 60 年来土地沙化情况的系统分析，川西北地区沙化一直呈持续增长趋势，但由于不同时段社会经济发展水平和社会环境不同，致使沙化变化趋势也有所不同。假定未来 10 年、20 年的发展与过去的 10 年社会经济和沙化管理水平不变，采用近 10 年的沙化增长率，并以 2009 年的沙化土地面积为基数，对 2020 年、2030 年川西北沙化土地面积进行预测，即

$$P=A(1+i)^n \tag{1.2}$$

式中，P 为预测值；A 为基数值（2009 年沙化土地面积）；i 为增长速度（%）；n 为预测年限。

根据式（1.2）：2020 年川西北沙化地面积为 $82.19(1+1.5\%)^{11}=96.82$（万 hm^2）；2030 年川西北沙化地面积为 $82.19(1+1.5\%)^{21}=112.36$（万 hm^2）。

1.4.3　预测结果选用及分析

按多元回归模型预测，对未来总人口、农牧人口和大牲畜数量采用的是前 57 年的增长率，这可能与今后的社会发展有一定差异，如在 2020～2030 年大牲畜数量不可能再按照 2.21%的增长率增加，因为川西北地区目前已经严重超载。而复利公式预测采用的是近 10 年沙化的增长率，用静态方式进行预测，近 10 年的经济发展与 2020～2030 年可能比较接近，因此，可认为采用复利公式预测的结果相对具有科学性。以其预测结果作为对未来 10 年、20 年川西北地区沙化土地面积的判定。

到 2020 年，川西北沙化土地将达到 96.82 万 hm^2，新增加沙化土地面积 14.63 万 hm^2。相当于损失四川省内地 2 个中等规模县的土地资源。

到 2030 年，川西北沙化地将达到 112.36 万 hm^2，新增加沙化土地面积 30.17 万 hm^2。相当于损失四川省内地 4 个中等规模县的土地资源。

1.5　沙化总体评价

川西北沙化的最大危机还有沙化地对河流和沼泽湿地的侵蚀造成沼泽湿地的丧失以及河流的改道或消失。川西北高寒草地的河流、湖泊纵横，是长江、黄河上游重要的水源补给区，但随着沙化面积的急剧扩张，尤其是河道两侧的沙化的扩张，极有可能造成河流的改道或消失。以若尔盖为例，若尔盖黑河有的河段两岸全为固定沙地，随着沙地的扩张和侵蚀，河道在不断地萎缩，其趋势是河道的消失。同时，流经红原、若尔盖的黄河河段也在不断地受到沙化地的蚕食。

1. 沙化类型以轻度露沙地为主，沙化总体处于初始阶段，但局部地区已严重恶化

根据第四次沙化监测数据，2009 年川西北沙化土地从沙化强度看，以轻度和中度的沙化为主，重度和极重度面积较小；从川西北沙化土地类型来看，以露沙地面积最大，占沙化总面积的 74%。因此，目前川西北沙化总体处于可防、可控、可治的沙化初级阶段。

但是，川西北地区沙化规模日益扩大，沙化面积从 1949 年的 11.69 万 hm^2，急剧扩张到 2009 年的 82.19 万 hm^2，已接近我国的四大沙地之一的呼伦贝尔沙地的规模。并且，川西北地区的若尔盖、红原、理塘、石渠等重点沙化区呈现严重恶化趋势。其特点是半固定沙地和固定沙地增长最快，其次是斑块状沙地每年都在向外扩张，这些数量巨大的沙斑块一旦连接，沙化规模将成几何级数的增长，整个川西北地区沙化将造成灾难性的后果。

2. 川西北沙化扩展规模加大，沙化蔓延趋势进一步加剧

根据有关统计和沙化监测数据，川西北地区 2009 年沙化面积较 1949 年增加了 6.03 倍，年均增长率为 3.4%；20 世纪 70 年代、80 年代和 90 年代的年增长率加快，为 4.1%。由此看来，近 30 年来川西北地区的沙化速度明显加快，一直呈上升趋势。近 15 年来川西北地区的沙化面积增长最快，平均每年增长约 1.2 万 hm^2。表明川西北沙化扩展规模加快，恶性沙化的趋势在急剧增加。

3. 川西北沙化已经对区域经济社会发展造成严重影响

川西北已开始出现沙进人退的形势，沙区人民生存空间逐步缩小，中度到极重度沙化土地基本失去生产力或生产力低下，面积已达到 21.31 万 hm^2，相当于四川省两个中等县的辖区面积，土地沙化给川西北人民的生产生活造成了十分严重的影响。如若尔盖县沙化已危及 30 个村庄(其中直接受害 18 个村庄)，危害公路 30km，老百姓的生产生活受到了严重威胁。早在 20 世纪 80 年代，红原县瓦切乡由于风沙加剧，冬季黄沙漫天，距沙源十几公里的乡政府 24 小时后遗留的沙层就达 0.2cm 厚。再加上近几十年来人口的急剧增长，当地居民的生计和生存问题日益突出，多年之后，川西北部分牧民将有可能成为"生态难民"。因此，川西北沙化已经不是单纯的生态灾难，其还构成了严重的社会问题，对区域经济社会发展造成极为不利的负面影响。

4. 川西北沙化演变和恶化正处于关键阶段，是川西北沙化防治的有利时机

从川西北沙化总体情况来看，川西北沙区主要是露沙地，沙化土地以轻度和中度为主，正是处于露沙地→流动沙地、中轻度沙化→重度沙化、斑块沙地→片状沙地等转变和转化的关键阶段。大量的科学研究和防沙治沙实践表明：川西北地区热量条件适中，沙化土壤具有一定水分，有利于灌木草本存活及植被恢复，并且川西北沙化是以中轻度、露沙地、斑块状沙化为主，大多具有一定的植被基础和土壤条件，因此，抢在沙化的初始阶段，及时采取有效的治理措施，积极开展防治工作，完全有可能在较短时间内扭转沙化不利局面，并最终消除沙患，达到事倍功半的效果。

1.6　沙化的影响与危害

川西北沙化是在全球气候变暖的大背景和川西北地区特殊地质条件下，由于区域内人口剧增导致过度放牧、资源不合理开发利用等人为因素造成的。沙化发生在局部，危害在全局，影响十分严重。

(1) 直接影响长江流域和西部地区生态安全。川西北地区平均总径流量达 1432 亿 m^3，是三峡库区集雨面积的 23.8%。土地沙化和湿地退化导致区域植被稀疏，水源涵养能力降低，地下水位下降，地表径流减少，水土流失加剧，生态更加脆弱，严重威胁长江上中游甚至全流域生态安全。川西北与甘肃、青海沙区接壤，并与西藏同处青藏高原自然生态类型，川西北沙化与毗邻地区沙化相互交织、相互影响，成为我国西部地区生态安全的重大隐患。

(2) 直接影响区域经济发展和农牧民增收。川西北地区以畜牧业为主，草地是农牧民重要的生产资料。土地沙化直接损失沙区耕地和草场资源，侵蚀草地、林地和耕地，导致当地农牧民增收困难。随着沙化加速，草原生态环境不断恶化，草地生产能力持续下降，平均每亩(1 亩=666.67m²)仅产牧草 240kg，较退化前下降 15%。沙化严重影响地区经济发展环境，沙区已成为贫困人口最为集中的地区。2009 年，甘孜、阿坝两州农牧民人均纯收入分别为 2229 元和 3066 元，只相当于四川全省农民平均收入的 49.9% 和 68.7%，更低

于全国平均水平。

（3）直接影响藏区长治久安和跨越发展。川西北沙化土地处于藏族聚居区，沙化恶化了藏族群众生存条件和生产生活条件，不利于促进人与自然的和谐。一些地方在冬春季节，一连数日漫天黄沙，覆盖房屋，淹没草地，阻断道路，群众生产生活受到严重影响。随着沙进人退，当地农牧民生存发展空间受到挤压，区域内基本失去生产力的沙地面积已达23.12 万 hm²。沙区群众基本生产生活资料的丧失，加剧了畜草争夺等矛盾，影响藏区社会稳定。沙区政府和广大群众深受沙害之苦，防沙治沙的愿望十分强烈。

1.7　川西北沙化治理现状及存在问题

国际上关于沙化土地的治理在 20 世纪 30 年代就开展了大量的研究，其中以美国防御性治理模式、法国海岸沙丘的综合治理、地中海沿岸的荒漠化土地综合利用模式最为典型，并取得了诸多成果。中国防沙治沙虽然起步较晚，但进展迅速，目前已成为世界上防沙治沙技术最先进的国家之一，也是联合国荒漠化防治公约履约执行能力最强的国家，并成为其他国家防沙治沙学习的典范，特别在首都圈、亚湿润农牧交错带、干旱半干旱草原带、荒漠绿洲带等地区的防沙治沙技术与模式最为先进，成效最为显著。但由于相关研究成果不是针对高原寒温带沙地特殊环境条件，所以难以在川西北高寒沙区直接应用（表 1.6）。因此，如何借鉴国内外相关研究成果，提高川西北高寒沙地的植被覆盖率，加快其植被恢复的进程，从根本上遏制沙化进一步发生尤为关键。由于研究基础薄弱，其面临的困难和挑战巨大。

表 1.6　川西北与国内外防沙治沙的差异比较

区域名称	海拔(m)	太阳总辐射(kJ·cm^{-2}·a^{-1})	≥10℃积温(℃)	降水量(mm)	沙化主要原因	治理路径
北美索诺拉沙漠	1000～2000	220.0～260.0	2000～2500	120～300	气候型沙漠	自然植被恢复措施为主
非洲撒哈拉沙漠	0～450	>1000.0	>8000	<100	气候型沙漠	人迹稀少，无特别治理措施，主要防治道路沙害
中亚卡拉库姆沙漠	<200	500.0～649.0	2200～3000	0～200	气候型沙漠	以发展节水农业为主
澳大利亚沙漠	200～400	130.0～150.0	1500～3000	0～300	气候及地形因素，过度放牧	围绕草牧场退化，实行圈养、刈养，以自然恢复为主
新疆塔克拉玛干沙漠	800～1500	160.0～200.0	4000～5000	0～40	气候因素加人类植被破坏	以工程治沙为主、生物治沙为辅，重点解决水分匮乏问题
甘肃库姆塔格沙漠	1000～1200	139.5～150.4	>5300	0～25	地质时期自然过程中形成	主要以自然恢复为主，防治沙害掩埋村庄、道路
青海柴达木盆地沙漠	2600～3400	522.4～565.7	3000～3500	0～60	气候因素和人类活动影响	重点解决干旱缺水问题，防治土地盐渍化，开源节水治沙技术

续表

区域名称	海拔(m)	太阳总辐射 (kJ·cm^{-2}·a^{-1})	≥10℃积温 (℃)	降水量(mm)	沙化主要原因	治理路径
内蒙古库布齐沙漠	1000～1200	139.4～143.3	2500～3500	150～400	植被破坏造成土地沙化	以梭梭等人工林、干旱稀疏灌丛植被恢复为主,提高沙地经济效益
浑善达克沙地	1100～1300	135.9	1500～2000	200～280	地质演化和气候环境变化,人类活动	集中连片、点面结合、综合治理和禁牧、休牧、划区轮牧、生态移民等
毛乌素沙漠	1300～1600	145.3	2500～3500	200～300	不合理的人类活动,植被破坏造成土地沙化	植物措施、工程措施、农业措施、化学措施等
科尔沁沙地	150～650	138.4	3000～3200	350～400	人类对草原不合理利用	草场封育、翻耕补播、人工种草、引洪灌溉、营造防护林等
川西北高寒沙地	>3500	300.0～586.2	300～600	600～800	植被破坏导致土地沙化,处于沙化过程的初级阶段	人工促进,恢复沙地林草植被,控制土地进一步退化

川西北高寒区沙化土地作为一种特殊的沙化类型,主要是在全球气候变暖的大背景下和川西北地区特殊地质条件下,由于区域内人口剧增导致过度放牧、资源不合理开发利用等人为因素造成的,具有区内沙地海拔特别高(平均多在 3500m 以上)、生长季短、有效积温低、降水分布不均等显著特点。而我国北方、西北部的典型沙化土地沙化成因主要是干旱、少雨、大风等自然因素。两者在沙化成因和沙化土地特点上都有着本质的区别,川西北高寒区空气稀薄与气温寒冷湿润共同作用使得区域生态环境极为脆弱,植被一旦破坏极难恢复,是高寒植被恢复中的国际性难题,而且植被恢复中还受到土地沙化、退化的威胁,其特殊性世界上少有。

川西北高寒区土地沙化作为最严重的生态问题,既影响"中华水塔",也影响农牧民生存发展空间,必须尽快治理,实现生态经济社会发展的良性循环。高寒区沙化治理的首要任务是恢复植被。由于前期研究基础薄弱,加之与我国北方沙化存在明显差异,许多技术、措施及模式都不适宜于该区域。必须针对该区植被恢复植物材料紧缺、可利用治沙植物资源不清、流动沙地难以固定、土地持续退化等突出问题,研发适宜川西北高寒沙地的林草植被恢复技术体系,为综合治理、全面治理、产业治理奠定基础、创造条件。因此开展高寒沙地林草植被恢复是全面治理川西北地区土地沙化最重要的基础性工作,对推动川西藏区沙化土地具有重大的科学意义和实践价值。

20 世纪 70 年代,若尔盖县林业部门职工和辖曼乡干部群众就开始在辖曼乡附近沙地上通过不断摸索、总结,营造了约 30hm^2 的康定柳固沙林。1993 年以来,若尔盖县和石渠县被纳入全国治沙综合示范区建设,先后治理各类型沙化土地约 2000hm^2,这些治沙实践取得了一定成效,为治沙工作积累了一定经验。但由于该区环境特殊、条件恶劣,沙地多数分布在海拔 3500m 以上,生态环境极为脆弱,目前治理植被单一,主要为康定柳,由于缺乏有效的配套治理技术，植被保存率极低，不到20%，植被盖度只有40%左右，其生态防护效益较低，固定流沙的效果较差，沙害导致草场植被进一步退化、土地沙化。总体来看治理区还尚未恢复稳定的林草植被和有效地发挥生态防护功能，还存在着很多突出问题亟须研究解决，为国家启动的重点沙化治理工程的实施提供科技支撑。

(1) 沙化土地分布广、立地因子复杂。四川省前期仅有若尔盖和石渠县被纳入全国治沙综合示范区，沙化治理的实践在范围上和规模上都比较小，由于川西北地区高寒沙化土地零星分布于四川省的29个县，具有分布广、类型多、成因复杂的特点，仅有2个县的示范难以支撑指导整个川西北高寒沙地的林草植被恢复。因此需要开展针对整个川西北的立地类型划分，针对不同立地类型的沙化土地形成有不同的治理模式，全面指导整个区域的沙化治理。

(2) 治沙植物材料严重不足、良种壮苗匮乏。由于川西北高寒沙地海拔高、积温低、生长期短、大风天数多，环境条件极为恶劣，适宜该区域的治沙植物材料极少，灌木基本以康定柳为主，草本以披碱草、黑麦草等为主。若尔盖曾开展过引种樟子松的试验，目前已基本无存活。治沙植物品种的单一一方面会导致植被恢复过程中群落结构不稳定，另一方面会造成大规模的治理工程开展植物材料来源难以得到保障，下一步《川西藏区生态保护与建设规划 (2013—2020 年)》的全面实施植物材料缺口很大。因此亟须开展高寒沙地优良植物材料筛选及良种选育，为下一步川西藏区规划的全面实施提供材料保障。

(3) 沙地土壤结构差、养分含量低。分析数据显示，川西北高寒沙化土地土壤有机质是未退化沙化天然草地的1/45～1/9，全 N 是未退化沙化天然草地的1/23～1/7。全 P 减少 61%～68%，速效 P 减少 18%～28%，土壤全 K 减少 21%～34%，速效 K 减少 57%～89% (表 1.7)。随着沙化程度的增加，土壤质量不断变差，无法满足植物的生长，植被恢复难度增大，需要开展相关土壤改良措施研究，针对不同区域不同沙化程度的沙地形成规范化和有指导性的土壤改良措施，为沙地植物生长创造基本条件。

表 1.7　不同沙化类型土地土壤养分特性分析

项　目	有机质 (g/kg)	全 N (g/kg)	全 P (g/kg)	全 K (g/kg)	水解氮 (mg/kg)	速效磷 (mg/kg)	速效钾 (mg/kg)
流动沙地	1.64	0.15	0.31	9.34	9.55	1.69	43.73
半固定沙地	4.40	0.30	0.33	10.87	12.00	1.93	82.87
固定沙地	5.34	0.33	0.37	11.18	29.76	3.53	103.57
露沙地	8.50	0.51	0.34	11.08	52.32	10.39	175.00
草地	74.94	3.51	0.97	14.18	373.30	2.36	411.60

(4) 植物栽植成活率、保存率低。川西北省级防沙治沙试点工程启动较早，治理过程中灌木栽植都采取传统技术，苗木也以裸根苗为主，甚至由于种苗来源不足出现过采购低海拔地区种苗开展沙化治理的情况。种种问题都导致了目前沙化治理中存在植物栽植成活率低、保存率低的突出问题，亟须针对川西北高寒区沙地的实际情况，从种苗的规划化繁育、整地、栽植、抚育等各环节入手开展高寒区优良种苗规模化繁育和栽植技术研究，为

区域林草植被的恢复提供技术支撑。

(5) 恢复植被模式单一、群落稳定性差。由于前期川西北高寒区沙化治理实践开展较少,模式也比较单一,辖曼乡基本以营建康定柳固沙林为主。石渠县基本以撒播牧草为主,尽管治理区植被盖度有了一定程度的提高,但植被调查和生产力测定等调查数据表明沙化地植被保存率普遍偏低,植物群落结构脆弱,部分流动沙地仅有草地覆盖,未能起到固定流沙、改善微生境的效果,不能形成稳定的群落结构。需要开展系统的高寒沙地林草植被恢复模式研究,针对川西北高寒区的不同沙化类型提出高寒沙地林草植被恢复模式,基本构建比较完整的生态系统,恢复提升治理区生态功能。

第2章　川西北高寒沙地立地分类系统构建研究

立地分类是植被恢复的重要理论基础，同时又是植被恢复设计过程中一项最重要的基础资料。目前我国已有比较完善的森林立地分类系统，但其不能直接应用于沙化土地立地分类。因地制宜、分类治理是沙地植被恢复中小班区划的关键，川西北高寒沙地分布广、类型多，立地因子复杂，立地类型系统是制约沙地植被恢复的瓶颈。因此，本书在科学分析川西北高寒区沙化土地沙化成因和现状的基础上，参考《四川省森林立地分类》（1990 年）和《四川植被》（1980 年），确定构建原则、方法和指标，对川西北高寒沙地进行区划，形成立地分类系统，为川西北高寒沙化土地林草植被恢复提供基本依据，为科学指导川西北高寒沙地分区分类治理奠定了理论基础。

2.1　划分原则

1. 植被特征的相对一致性

根据川西北高寒沙地区域主要分布植被类型及其组合、植被种类、植物群落、优势物种等特征，将高寒沙地区植被类型相同或相似的区域区划为一个类型。

2. 自然地理环境的相对一致性

以川西北高寒沙地区域植被特征差异性为基础，结合地貌地表差异、气候条件、降水量级别、水资源条件、土壤因子特征、土壤侵蚀程度、热量条件等因子分析，将自然地理环境相同或相似的区域区划为一个类型。

3. 沙地治理技术的相对一致性

根据川西北高寒沙地不同区域适宜的治理方向、治理立地条件、适宜的治沙乔灌草种植物材料以及工程技术措施，对沙地治理技术措施相同或相似的区域进行划分。

4. 区划方法的实用性和可操作性

植被特征、自然地理条件、沙地治理技术等区划的类型间差异化要显著，类型的区划方法、造林技术要具有实用性、实际可操作性。

2.2　划分方法

依据《全国防沙治沙规划(2011—2020 年)》和《四川省防沙治沙规划(2011—2020 年)》，确定川西北高寒沙地的范围，参考《四川省森林立地分类》（1990 年)中立地分类系统，并结合《四川植被》（1980 年)中四川植被分区系统的内容划分川西北高寒沙地的立地区域、立地区和立地亚区，并以地貌或海拔作为依据划分立地类型小区，再以地形或土壤为依据划分立地类型组，进而以地形、沙化类型和土壤属性等指标确定沙地立地类型，最终建立川西北高寒沙地立地六级分类系统如下。

(1) 立地区域。在《中国森林立地分类》中，川西北地区属于青藏高寒立地区域，故在川西北高寒沙地立地分类也采用此立地区域，但更名为川西北高寒立地区域。

(2) 立地区。在《四川省森林立地分类》中，将青藏高寒立地区域划分为两大类，即川西高山峡谷立地区和川西北高原立地区，这两个立地区也是川西北高寒沙地的分布区，根据川西北高寒沙地的地貌和植被特征因子，更名为川西北高山立地区和川西北高原立地区。

(3) 立地亚区。在《四川省森林立地分类》中，川西北高山立地区主要分布于高山带的高山草甸区域，只有一种类型，即高山立地亚区；川西北高原立地区分布着丘原和山原的灌丛草甸和草甸，也是高寒沙地的主要分布区，因此，根据地形地貌的差异分为川西北山原立地亚区和川西北丘原立地亚区。

(4) 立地类型小区。立地类型小区是沙地立地一级分类单元，各亚区所处地理位置和地貌不同，植被类型、土壤等随海拔梯度变化有明显的分异规律，因此以地貌、海拔或沙地土壤作为划分的依据。

(5) 立地类型组。为沙地立地二级分类单元，立地类型小区中相同立地类型的组合，地域上不相连接，以地形或沙地土壤作为划分依据。

(6) 立地类型。为沙地立地分类系统的基本单元，通常是组织沙化治理的经营单位，以地形要素、沙化程度和土壤属性为主要依据。在地形因子中采用部位、局部地形等；在沙化程度中采用极重度沙化、重度沙化、中度沙化和轻度沙化等；在土壤属性中，主要采用土地沙化前的土壤属性。立地类型命名主要采用主导因子连续命名。

2.3 划分指标体系

根据划分原则和方法，川西北高寒沙化土地类型区的区划指标包括主导因子指标和辅助因子指标。

1. 主导因子

(1) 植被因子。按照川西北高寒沙化土地区的植物群落与自然地理环境综合因素长期适应形成的主要植被类型及其组合规律特征，并考虑代表性群系、优势物种等的地理分布进行区划，主要包括 3000～3900m 的亚高山草甸及与灌丛组合和 3900～4800m 高山草甸及与灌丛组合两大植被类型。亚高山草甸分为禾草草甸、莎草草甸、杂类草草甸三个群系组；高山草甸分为莎草草甸、杂类草草甸两个群系组。

(2) 地貌单元。按照川西北高寒沙化土地区地貌特征区划不同地形单元，包括高山、丘状高原和山原。丘状高原（简称丘原）又分为宽展平坦的谷地和平缓浑圆的浅丘两个等级；山原是丘原与山地之间的过渡地带，高寒沙化土地区主要分布于其顶部的高原面。

(3) 海拔。按照川西北高寒沙化土地区海拔进行区划，分为 3400～3900m、3900～

4200m、4200m 以上三个高度等级。

（4）沙化类型。按川西北高寒沙化土地区不同植被盖度进行划分，包括极重度沙化土地（植被盖度≤10%）、重度沙化土地（10%＜植被盖度≤30%）、中度沙化土地（30%＜植被盖度≤50%）以及（轻度沙化土地）植被盖度＞50%四个等级。

（5）土壤因子。按川西北高寒沙化土地区土壤质地和土壤类型区划，包括砂土、壤土和黏土等不同土壤质地以及亚高山草甸土、高山草甸土等不同土壤类型。

2. 辅助因子

（1）气候带因子。按川西北高寒沙化土地区所处的不同气候带区划，包括寒温带和亚寒带两个等级。

（2）降水量等级。按年降水量进行区划，包括 450～550mm、550～650mm、大于 650mm 三个不同的降水量等级。

（3）气温条件。按川西北高寒沙化土地区年均气温进行划分包括小于 0℃、0～3℃、3～6℃、大于 6℃四个等级。

2.4　立地分类系统构建

研究遵循植被特征的相对一致性、自然地理环境的相对一致性、沙地治理技术的相对一致性、区划方法科学性和可操作性等划分原则，按照六级分类系统的划分方法，以植被因子、地貌单元、海拔高度、沙化类型、土壤因子等主导因子和气候带因子、降水量等级、气温条件等辅助因子为主要的划分指标，采用主导因子、辅助因子进行模糊分级聚类等方法，构建川西北高寒区沙化立地划分 6 级立地分类系统，具体立地因子指标特征见表 2.1。

表 2.1　川西北高寒沙地立地类型组因子特征表

	类型	I	II	III	IV	V	VI
	立地亚区	川西北高山立地亚区	川西北山原立地亚区	川西北丘原立地亚区			
	立地类型小区	高山立地类型小区	山原立地类型小区	丘原东部立地类型小区		丘原西部立地类型小区	
	立地类型组	高山草甸立地类型组	高原面立地类型组	谷地立地类型组	浅丘立地类型组	谷地立地类型组	浅丘立地类型组
指标体系 主导因子	地貌	高山	山原	丘原谷地	丘原浅丘(高差50～100m)	丘原谷地	丘原浅丘(高差100～200m)
	海拔(m)	3500～4200	3500～4200	3400～3900	3400～3900	3900～4600	3900～4600
	植被	高山草甸	高山草甸	亚高山草甸	亚高山草甸	高山草甸	高山草甸
	土壤	高山草甸土	高山草甸土	亚高山草甸土	亚高山草甸土	高山草甸土	高山草甸土
	沙化类型	轻、中、重、极重沙化	构造剥蚀沙化，轻、中、重、极重沙化	河滩地,轻、中、重、极重沙化	轻、中、重、极重沙化	河滩地,轻、中、重、极重沙化	轻、中、重、极重沙化

续表

类型		I	II	III	IV	V	VI
辅助因子	气候带	寒温带	寒温带	寒温带	寒温带	亚寒带	亚寒带
	降水量(mm)	700~800	600~750	650~750	650~750	550~650	550~650
	气温(℃)	4~6	2~4	1~3	1~3	<0	<0

2.5 川西北高寒沙地立地分类系统

川西北高寒沙地属于青藏高寒立地区域的一部分,故川西北高寒沙地的立地区域命名为川西北高寒地理区域。根据地貌的差异分为川西北高山立地区和川西北高原立地区;川西北高山立地区仅有一个亚区,即川西北高山立地亚区,川西北高原立地区根据地形地貌分为川西北山原立地亚区和川西北丘原立地亚区。

2.5.1 立地类型小区

如表 2.2 和图 2.1 所示,川西北高山立地亚区的高寒沙地分布于 3500m 以上的区域,因此划分为高山立地类型小区;而川西北山原立地亚区的高寒沙地也分布于 3500m 以上的区域,因此划分为山原立地类型小区。

表 2.2 川西北高寒沙地立地类型小区表

立地区域	立地区	序号	立地亚区	序号	立地类型小区	号志
川西北高寒立地区域	川西北高山立地区	I	川西北高山立地亚区	A	高山立地类型小区(3500m 以上)	(A)
	川西北高原立地区	II	川西北山原立地亚区	A	山原立地类型小区(3500m 以上)	(A)
			川西北丘原立地亚区	B	丘原东部立地类型小区(3400~3900m)	(A)
					丘原西部立地类型小区(3900m 以上)	(B)

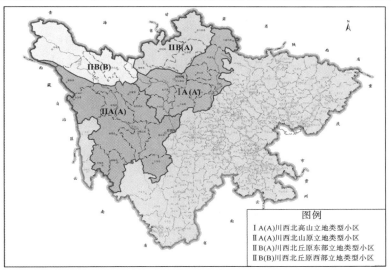

图 2.1 川西北高寒区立地类型小区图

川西北丘原立地亚区地势上西高东低，因此依据海拔差异，结合地理位置分为丘原东部立地类型小区(3400~3900m)和丘原西部立地类型小区(3900m以上)。

1. 高山立地类型小区(3500m以上)

该小区位于川西北的东北端，涉及阿坝州九寨沟县的北部部分区域、松潘县西北部部分区域、黑水县西部的部分区域、理县西部的部分区域、马尔康县北部区域、金川县西北部部分区域、小金县南部边缘区域、茂县内山体上部草甸区域、汶川县高山上部草甸区域等9县山原地貌地区。

区内以高山地貌为主，地势较高，高寒沙化土地区主要分布其顶部的高山上部的草地区域，平均海拔3500~4200m，分布有岷江、大渡河等水系。气候为寒温带，长冬无夏，春秋短，寒冷干燥，日照强烈，昼夜温差大，年均气温4~6℃，年降水量700~800mm，土壤主要为高山草甸土等。植被属于川西高山峡谷针叶林亚带的川西高山峡谷植被地区，植被类型以高山草甸为主，分为莎草草甸、杂类草草甸等群系组。

区内分布有极重度流动沙地、重度半固定沙地、中度固定沙地以及轻度露沙地等四个等级的沙地，以固定沙地和露沙地为主。流动沙地、半固定沙地土壤以风沙土为主，表土层缺失，有机质缺乏，土壤质地为砂土，粒级多为砂砾，常夹带有石砾或石块；固定沙地、露沙地土壤多是退化的高山草甸土，土壤质地为砂壤土，粒级多为砂砾，并夹带有石砾，呈微酸性，底土层多砂粒夹卵石。

2. 山原立地类型小区(3500m以上)

该小区位于川西北的西南端，涉及甘孜州理塘县、稻城县大部(除南部高山峡谷区外)、乡城县北部、白玉县东及东北部、新龙县内山原高原面分布区、甘孜县南部、炉霍县东北部、道孚县东部、雅江县东北部和西北部、康定县西部及西北部、九龙县南部部分区域等11县的山原地貌地区。其中以理塘县、稻城县沙化最为严重。

区内以山原地貌为主，地势较高，高寒沙化土地区主要分布其顶部的高原面，平均海拔3500~4200m，分布有金沙江、雅砻江等水系。气候为寒温带，长冬无夏，春秋短，寒冷干燥，日照强烈，昼夜温差大，年均气温2~4℃，年降水量650~790mm，土壤主要为高山草甸土等。植被属于川西山原针叶林、灌丛、草甸亚带的川西山原植被地区，植被类型以高山草甸为主，分为莎草草甸、杂类草草甸等群系组。

区内分布有极重度流动沙地、重度半固定沙地、中度固定沙地以及轻度露沙地等四个等级的沙地。流动沙地、半固定沙地土壤以风沙土为主，表土层缺失，有机质缺乏，土壤质地为砂土，粒级多为砂砾，常夹带有石砾或石块；固定沙地、露沙地土壤多是退化的高山草甸土，土壤质地为砂壤土，粒级多为砂砾，并夹带有石砾，呈微酸性，底土层多砂粒夹卵石。

3. 丘原东部立地类型小区(3400~3900m)

该小区位于川西北的北端，涉及阿坝州若尔盖县大部(除东部高山峡谷区外)、红原县大部(除南部边缘山地外)、阿坝县大部(除南部高中山河谷区外)、壤塘县东北部等4县的丘原地区。其中以若尔盖县和红原县的沙化最为严重，又以若尔盖县沙化最为突出。

区内地势高亢，起伏不大，谷地宽展平坦，浅丘平缓，顶面浑圆，平均海拔 3400~3900m，丘顶至谷底相对高度为 50~100m。黄河上游两大支流——白河与黑河纵贯，另分布有长江水系大渡河支流。气候为寒温带，长冬无夏，春秋短，寒冷干燥，日照强烈，昼夜温差大，年均气温 1.5~3℃，年降水量 650~750mm。土壤主要为亚高山草甸土，一般土层教厚而肥沃，呈酸性，pH5.0~6.5；其次为沼泽土等。植被属于川西北高原灌丛、草甸地带的若尔盖高原植被地区，植被类型以亚高山(灌丛)草甸为主，分为禾草草甸、莎草草甸、杂类草草甸等群系组。

区内分布有极重度流动沙地、重度半固定沙地、中度固定沙地以及轻度露沙地等四个等级的沙地。流动沙地和半固定沙地多分布于废旧河道边缘及丘岗回旋风口的坡地上，由风成砂性母质发育而成，风沙土在丘顶部位形半固定或流动性沙丘，半个沙丘多呈椭圆形，全体则成沙垄状，土壤表土层缺失，有机质缺乏，土壤质地为砂土，粒级多为砂砾；固定沙地、露沙地土壤多是退化的亚高山草甸土，土壤质地为砂壤土，粒级多为砂砾，呈微酸性。

4. 丘原西部立地类型小区(3900m 以上)

该小区位于川西北的西北端，涉及石渠县大部(除南部高山峡谷区外)、色达县大部(除南部高山区外)、甘孜县北部和德格县东北部等丘原地区。其中以石渠县和色达县的沙化最为严重，又以石渠县沙化最为突出。

区内地势高亢，起伏不大，谷地宽展平坦，浅丘平缓，顶面浑圆，阶地发育广泛，平均海拔 3900~4600m，丘顶至谷底相对高度为 100~200m。金沙江、雅砻江、鲜水河与大渡河的一些上游支流迂回其间。气候为亚寒带，长冬无夏，春秋短，寒冷干燥，日照强烈，昼夜温差大，年均气温 0℃以下，年降水量 550~650mm。土壤主要为高山草甸土，呈酸性，pH5.0~6.5，其次为低洼排水不良处发育着沼泽土，局部山脊部位高山寒漠土等。植被属于川西北高原灌丛、草甸地带的雅砻江上游植被地区，植被类型以高山草甸为主，分为莎草草甸、杂类草草甸等群系组。

区内分布有极重度流动沙地、重度半固定沙地、中度固定沙地以及轻度露沙地等四个等级的沙地。流动沙地和半固定沙地多分布于废旧河道边缘及丘岗回旋风口的坡地上，由风成砂性母质发育而成，风沙土在丘顶部位形半固定或流动性沙丘，半个沙丘多呈椭圆形，全体则成沙垄状，土壤表土层缺失，有机质缺乏，土壤质地为砂土，粒级多为砂砾，常夹带有石砾或石块；固定沙地、露沙地土壤多是退化的亚高山草甸土，土壤质地为砂壤土，粒级多为砂砾，常夹带有石砾或石块，呈微酸性。

2.5.2　立地类型组及立地类型

由于立地类型小区中相同立地类型的组合以地形和植被作为划分依据，地域上不相连接，因此，高山立地类型小区划分出一个地理类型组，即高山草地立地类型组；山原立地类型小区划分出一个立地类型组，即高原面立地类型组；丘原东部立地类型小区(3400~3900m)和丘原西部立地类型小区(3900m 以上)都为丘原地貌，依据地形因子，划分为谷地立地类型组和浅丘立地类型组。

由于沙地立地分类系统的基本单元通常是组织沙化治理的经营单位，因此，立地类型依据地形要素、沙化程度和沙化土地原土壤属性进行划分。将川西北高山立地小区的高山草地立地类型组划分为高山极重度沙化到轻度沙化高山草甸土立地类型共计 4 个立地类型。川西北山原立地类型小区的高原面立地类型组划分为高原面构造剥蚀沙化高山草甸土立地类型及高原面极重度沙化到轻度沙化高山草甸土立地类型共计 5 个立地类型。将川西北丘原东部立地类型小区的谷地立地类型组划分为河滩地立地类型及谷地极重度沙化到轻度沙化亚高山草甸土立地类型共计 5 个立地类型；浅丘立地类型组划分为浅丘极重度沙化到轻度沙化亚高山草甸土立地类型共计 4 个立地类型。将川西北丘原西部立地类型小区的谷地立地类型组划分为河滩地立地类型及谷地极重度沙化到轻度沙化高山草甸土立地类型共计 5 个立地类型；浅丘立地类型组划分为浅丘极重度沙化到轻度沙化高山草甸土立地类型共计 4 个立地类型。

立地类型的立地特征、沙化特点及植被恢复与治沙建议详见表 2.3。

表 2.3 川西北高寒沙地立地类型小区沙化及植被特征表

立地地区	序号	立地亚区	序号	立地类型小区	号志	涉及行政及分布区域	沙化及植被特征
川西北高山立地地区	I	川西北高山立地亚区	A	高山立地类型小区（3500m以上）	(A)	九寨沟县的北部部分区域、松潘县西北部的丘状高原区域、黑水县西部的部分区域、理县西部的部分区域、马尔康县北部部边区金川县西北部部分区域、小金县南部边缘区域、茂县山体上部草甸区域、汶川县山体上部草甸区域	植被类型以高山草甸为主。流动及半固定沙地土壤以风沙土为主，有机质缺乏，质地为砂土，粒级多为砂砾，常夹带有石砾或石块；固定及露沙地土壤多是退化的高山草甸土，质地为砂壤土，粒级多为砂砾，并夹带有石砾
川西北高原立地地区	II	川西北山原立地亚区	A	山原立地类型小区（3500m以上）	(A)	理塘县大部、稻城县除南部高山峡谷区、乡城县北部山原面区、白玉县东部及东北部区域、新龙县内山原高原面分布的区域、甘孜县南部区域、炉霍县东北部、道孚县的东部区域、雅江县的东北和西北部区域、康定县的西部和西北区域、九龙县南部部分区域	植被类型以高山草甸为主。流动及半固定沙地土壤以风沙土为主，有机质缺乏，质地为砂土，粒级多为砂砾，常夹带有石砾或石块；固定即露沙地土壤多是退化的高山草甸土，质地为砂壤土，粒级多为砂砾，并夹带有石砾
		川西北丘原立地亚区	B	丘原东部立地类型小区（3400～3900m）	(A)	若尔盖县除东部高山峡谷区外的区域、红原县除南部边缘山地外的区域、阿坝县除南部高、中山河谷林外的区域、壤塘县东北部丘状高原区域	植被类型以亚高山草甸为主。流动及半固定沙地由风成砂性母质发育而成，有机质缺乏，质地为砂土，粒级多为砂砾；固定及露沙地土壤多是退化的亚高山草甸土，质地为砂壤土，粒级多为砂砾
				丘原西部立地类型小区（3900m以上）	(B)	石渠县除南部高山峡谷区外的区域、色达县除东南部高山区外的区域、甘孜县北部区域、德格县东北部区域	植被类型以高山草甸为主。流动及半固定沙地由风成砂性母质发育而成，有机质缺乏，质地为砂土，粒级多为砂砾，常夹带有石砾或石块；固定及露沙地土壤多是退化的亚高山草甸土，质地为砂壤土，粒级多为砂砾，常夹带有石砾或石块

2.5.3 川西北高寒沙地立地分类系统

川西北高寒沙地立地分类系统根据划分的原则、方法和指标，共划分 1 个立地区域、

2 个立地区、3 个立地亚区、4 个立地类型小区、6 个立地类型组、27 个立地类型(表 2.4)。

川西北高寒立地区域

Ⅰ　川西北高山立地区

　Ⅰ A　川西北高山立地亚区

　　Ⅰ A(A)　高山立地类型小区

　　　Ⅰ A(A)a　高山草甸立地类型组

　　　　Ⅰ A(A)a 1　高山极重度沙化高山草甸土立地类型

　　　　Ⅰ A(A)a 2　高山重度沙化高山草甸土立地类型

　　　　Ⅰ A(A)a 3　高山中度沙化高山草甸土立地类型

　　　　Ⅰ A(A)a 4　高山轻度沙化高山草甸土立地类型

Ⅱ　川西北高原立地区

　Ⅱ A　川西北山原立地亚区

　　Ⅱ A(A)　山原立地类型小区

　　　Ⅱ A(A)a　高原面立地类型组

　　　　Ⅱ A(A)a 5　高原面构造剥蚀沙化高山草甸土立地类型

　　　　Ⅱ A(A)a 6　高原面极重度沙化高山草甸土立地类型

　　　　Ⅱ A(A)a 7　高原面重度沙化高山草甸土立地类型

　　　　Ⅱ A(A)a 8　高原面中度沙化高山草甸土立地类型

　　　　Ⅱ A(A)a 9　高原面轻度沙化高山草甸土立地类型

　Ⅱ B　川西北丘原立地亚区

　　Ⅱ B(A)　丘原东部立地类型小区

　　　Ⅱ B(A)a　谷地立地类型组

　　　　Ⅱ B(A)a 10　河滩地立地类型

　　　　Ⅱ B(A)a 11　谷地极重度亚高山草甸土立地类型

　　　　Ⅱ B(A)a 12　谷地重度亚高山草甸土立地类型

　　　　Ⅱ B(A)a 13　谷地中度亚高山草甸土立地类型

　　　　Ⅱ B(A)a 14　谷地轻度亚高山草甸土立地类型

　　　Ⅱ B(A)b　浅丘立地类型组

　　　　Ⅱ B(A)b 15　浅丘极重度亚高山草甸土立地类型

　　　　Ⅱ B(A)b 16　浅丘重度亚高山草甸土立地类型

　　　　Ⅱ B(A)b 17　浅丘中度亚高山草甸土立地类型

　　　　Ⅱ B(A)b 18　浅丘轻度亚高山草甸土立地类型

　　Ⅱ B(B)　丘原西部立地类型小区

　　　Ⅱ B(B)a　谷地立地类型组

　　　　Ⅱ B(B)a 19　河滩地立地类型

　　　　Ⅱ B(B)a 20　谷地极重度高山草甸土立地类型

　　　　Ⅱ B(B)a 21　谷地重度高山草甸土立地类型

　　　　Ⅱ B(B)a 22　谷地中度高山草甸土立地类型

　　　　　　　　　ⅡB(B)a 23　谷地轻度高山草甸土立地类型
　　　　ⅡB(B)b　浅丘立地类型组
　　　　　　　　　ⅡB(B)b 24　浅丘极重度高山草甸土立地类型
　　　　　　　　　ⅡB(B)b 25　浅丘重度高山草甸土立地类型
　　　　　　　　　ⅡB(B)b 26　浅丘中度高山草甸土立地类型
　　　　　　　　　ⅡB(B)b 27　浅丘轻度高山草甸土立地类型

表 2.4　川西北高寒沙地立地类型组及立地类型表

立地亚区	序号	立地类型小区	号志	立地类型组	号志	立地类型	号志
川西北高山立地亚区	A	高山立地类型小区(3500m以上)	(A)	高山草甸立地类型组	a	高山极重度沙化高山草甸土立地类型	1
						高山重度高山草甸土立地类型	2
						高山中度沙化高山草甸土立地类型	3
						高山轻度沙化高山草甸土立地类型	4
川西北山原立地亚区	B	山原立地类型小区(3500m以上)	(A)	高原面立地类型组	a	高原面构造剥蚀沙化高山草甸土立地类型	5
						高原面极重度沙化高山草甸土立地类型	6
						高原面重度高山草甸土立地类型	7
						高原面中度沙化高山草甸土立地类型	8
						高原面轻度沙化高山草甸土立地类型	9
						河滩地立地类型	10
川西北丘原立地亚区	A	丘原东部立地类型小区(3400~3900m)	(A)	谷地立地类型组	a	谷地极重度沙化亚高山草甸土立地类型	11
						谷地重度沙化亚高山草甸土立地类型	12
						谷地中度沙化亚高山草甸土立地类型	13
						谷地轻度沙化亚高山草甸土立地类型	14
				浅丘立地类型组	b	浅丘极重度沙化亚高山草甸土立地类型	15
						浅丘重度沙化亚高山草甸土立地类型	16
						浅丘中度沙化亚高山草甸土立地类型	17
						浅丘轻度沙化亚高山草甸土立地类型	18
						河滩地立地类型	19
		丘原西部立地类型小区(3900m以上)	(B)	谷地立地类型组	a	谷地极重度沙化高山草甸土立地类型	20
						谷地重度沙化高山草甸土立地类型	21
						谷地中度沙化高山草甸土立地类型	22
						谷地轻度沙化高山草甸土立地类型	23
				浅丘立地类型组	b	浅丘极重度沙化高山草甸土立地类型	24
						浅丘重度沙化高山草甸土立地类型	25
						浅丘中度沙化高山草甸土立地类型	26
						浅丘轻度沙化高山草甸土立地类型	27

2.6　结论

根据划分的原则、方法和指标，首次全面系统的构建了川西北高寒沙地立地分类系统，共划分 1 个立地区域、2 个立地区、3 个立地亚区、4 个立地类型小区、6 个立地类型组、27 个立地类型，并对其沙害特点及治理方向进行了分析，积累了大量第一手素材。

通过川西北高寒沙地立地分类系统的构建，可为治沙植物品种的选择、沙地土壤改良、沙障材料的设置、治沙模式的设计和治沙规划提供基本依据，并已在省级防沙治沙试点工程中得到了广泛应用，对下一步高寒沙地的分区分类型治理具有重要的科学指导作用。

第 3 章　川西北高寒沙地治沙植物选育研究

对川西北地区各县历年省级防沙治沙试点工程实施情况开展全面调查,发现川西北高寒区沙化土地的林草植被恢复采用的乔灌草植物单一,乔灌种以康定柳为主,草种以老芒麦和黑麦等为主,并且皆采用普通品种。治沙植物的单一一方面会导致植被恢复过程中群落结构不稳定;另一方面大规模治理工程的开展会导致材料来源难以得到保障。治沙过程使用普通植物品种一方面会导致植被恢复速度缓慢;另一方面由于治理规模的扩大,植物材料的品质难以得到保障。

鉴于此,本研究首次系统地对川西北高寒沙地植物种质资源进行了调查,全面掌握不同沙化类型地上植物组成及分布情况,然后对分布范围较广,在沙地上生长良好的治沙乔灌木和草种的选育展开研究,包括沙地适生植物的筛选和林木新品种及草种新品种选育研究。乔灌物种筛选一方面以乡土植物为主要研究对象,通过一系列的移栽试验、形态指标的测定、光合特性分析、抗旱特性分析,以专家认定的评分标准对植物进行打分,筛选出一批川西北高寒沙地适生的乡土乔灌品种;另一方面借鉴青海、西藏等相似沙区的研究成果,引进沙地柏、沙柳、乌柳、小叶锦鸡儿等在其他高寒沙地表现良好的治沙乔灌植物品种,对其在川西北高寒沙地的生长成活情况进行监测,筛选出治沙乔灌品种。另外,通过一系列资源评价、遗传分析、抗旱型分析等研究,筛选出一批川西北高寒沙地适生的草种。由于筛选出的沙地适生植物为普通植物品种,虽然对高寒沙地的适应能力强,但其生长速度和移栽保存率有待提高,故开展了治沙植物新品种的选育研究,选育出扦插成活率更高、生长速度更快、沙地抗逆性更强、产量更高的治沙植物新品种,大幅度提升了治沙植物品质,为川西北地区沙化地的治理提供更多的优良治沙植物。

3.1　川西北高寒沙地适生植物资源

3.1.1　总体思路

首先遵循代表性、典型性的原则确定重点调查县,然后收集调查县的沙化监测数据,根据沙化土地分布情况确定调查样线和调查样方,通过样方调查、数据统计得出川西北高寒沙地适生植物种类,分析种子植物区系、不同沙化类型物种组成特征,掌握沙地适生植物的生长习性并分析其影响因子等,为治沙植物的筛选和优良新品种的选育提供了指导,为科学防沙治沙提供了翔实的基础支撑。

3.1.2　植物调查

1. 样线及样方设置

根据若尔盖县、阿坝县、理塘县、稻城县、色达县 5 个典型县的沙化情况设置调查样线(图 3.1),基本弄清川西北高寒沙地不同沙化类型植物组成情况。样线需沿海拔梯度尽可能囊括所有的沙化类型。在设置的样线上每隔 100m 设置 20m×20m 的标准样地,乔木通过每木检尺,测定胸径、树高、冠幅面积,灌木设置 2m×2m 调查样方,草本设置 5个 1m×1m 的调查样方。本次调查共计设置样线条 21 条,样方 400 个,其中覆盖露沙地105 个,流动沙地 60 个、半固定沙地 90 个、固定沙地 145 个。

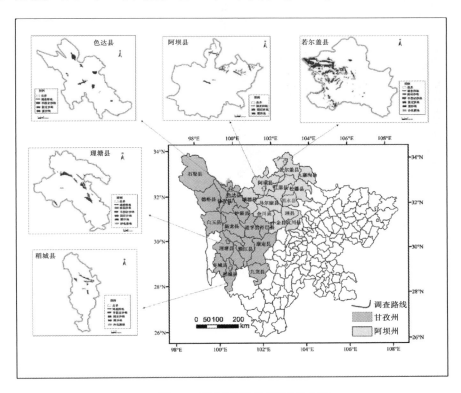

图 3.1　综合研究区域样带的布设

2. 调查方法

植被调查采用样方法(任继周,1998)。植物群落学特征调查方法包括调查灌木测定高度、冠幅、株数、生长势,草本测定多度、盖度、平均高度、频度、生长阶段。样地坡向、坡度及海拔测定方法为用手持罗盘测定坡度和坡向,用 GPS 测定海拔(图 3.2)。植物鉴定方法为利用《中国植物志》(中国科学院中国植物志编辑委员会,2004)、《四川植物志》(四川植物志编委会,1981)、《甘孜州高等植物》(贺家仁等,2008)和《中国高等植物图鉴》(中国科学院植物研究所,1972)对采集的标本进行鉴定,建立植物种类数据库。

图 3.2　川西北高寒区沙生植物资源调查

3.1.3　结果与分析

1. 川西北高寒沙地适生植物群落特征

1）数量统计

通过本次对川西北典型沙化县不同沙化地的植被调查，确定川西北高寒区沙化土地种子植物共计 38 科 105 属 209 种，分别占中国总科、属、种数的 16.74%、3.36% 和 0.80%，植物种数分析显示研究区植物仅占全国的 0.77%~0.80%，所以沙化地区植物种极为贫乏，种子植物组成特征见表 3.1，中国种子植物数据依据李锡文（1996）的研究。

表 3.1　川西北沙化地区种子植物组成

植物类群	科数			属数			种数		
	研究地区	中国	比例	研究地区	中国	比例	研究地区	中国	比例
被子植物	38	227	16.74%	105	3164	3.36%	209	26076~27077	0.77%~0.80%

2）生活型分析

植物的生活型是长期适应外界综合环境在形态上的表性特征，是对环境的综合反应，生活型是植物群落外貌、季相结构特征的决定因素。因此，研究植物生活型能帮助我们掌握群落特征和资源状况。

对植物的生活型分析得出，川西北沙化地植物中草本植物占主要地位，共计有 35 科 97 属 196 种，占总种数的 93.77%。

3）科的组成分析

川西北沙化地维管植物 38 科中，按科所含物种数的多少统计，分别划分较大科（所含种数为 21～50 种）、中等科（所含种数为 6～20 种）、寡种科（所含种数为 2～5 种）和单种科（仅含种数为 1 种）四种类型，不同类型科的数量及其所含属、种数量统计如表 3.2 所示。

表 3.2　川西北沙化地区植物不同类型科的属、种数量统计

科的类型	科数	占总科数(%)	属数	种数
较大科(21～50 种)	1	2.63	15	37
中等科(6～20 种)	12	31.58	58	124
寡种科(2～5 种)	13	34.21	20	36
单种科(1 种)	12	31.58	12	12

含 21～50 种的较大科只有菊科，共有 15 属 37 种；含 6～20 种的中等科共有 58 属 124 种，共 12 科；含 2～5 种的寡种科共有 20 属 36 种，共 13 科；只含 1 种的单种科共有 12 科 12 属。所以川西北沙化地中等科和寡种科较多，较大科极少，没有含 50 种以上的大科，说明川西北沙化地植物资源较少。

4）属的组成分析

在对川西北沙化地区的植物属种数进行统计时，为了区分不同大小的属，根据属所含种数的分布特征，把含 25 种以上的属称为大属，含 13～25 种的属称为较大属，含 5～12 种的属称为中等属，含 2～4 种的属称为寡种属，含 1 种的属称为单种属。中等属、寡种属及单种属的数量及其所含种数如表 3.3 所示。

表 3.3　川西北高寒沙地植物不同类型属的物种数量统计

级别	属数	占类群(%)	种数
中等属(5～12 种)	8	7.62	56
寡种属(2～4 种)	56	53.33	112
单种属(1 种)	41	39.05	41

根据统计，在川西北沙化地种子植物中寡种属数量最多，共有 56 属，占总属数的 53.33%；单种属有 41 属，占总属数的 39.05%。单种属和寡种属一共占总属数的 92.38%，表明沙化地上植物区系在属组成上的复杂性和多样性。没有含 25 种以上的大属和 13～25 种的较大属。

5）物种多样性分析

植物群落物种多样性指数用来表征群落内物种数量及其在种类个体数量的分布情况，是物种丰富度和均匀度的综合指标，以多样性指数数值表示群落内物种种类多样性的程度，用来判断群落或生态系统的稳定性指标。植物群落物种多样性指数比较常用的包括群

落丰富度指数(R)、Shannon-Wiener 信息指数(H)、Simpson 多样性指数(D) 和 Pielou 均匀度指数(J，E) 等指数。

物种丰富度主要以群落内物种数量和个体数量总和(或物种重要值总和)综合表示的物种多样性。群落均匀度是指群落中各个物种的多度或重要值的均匀程度。反映了群落中各个种的均匀程度，群落均匀度值较低，群落就不稳定。

本研究通过对川西北典型沙化县(若尔盖、阿坝、稻城、色达、理塘)不同沙化类型地植物群落进行调查，了解不同沙化类型植物群落稳定性情况，从而掌握川西北沙区植物群落的稳定性情况。

通过对若尔盖县不同沙化土地类型植物物种多样性的计算得出(表 3.4)，随沙化程度的加剧，丰富度指数、Simpson 多样性指数、Shannon-Wiener 信息指数均明显下降，其中丰富度指数和 Shannon-Wiener 信息指数下降显著，Pielou 均匀度指数下降不明显。从露沙地退化到流动沙地，丰富度指数、Simpson 多样性指数、Shannon-Wiener 信息指数、Pielou 均匀度指数分别降低了 72.61%、30.96%、54.29%、21.35%。丰富度指数下降幅度大，说明物种数量下降明显；均匀度指数下降幅度小，说明群落的稳定性变化不明显。

表 3.4　若尔盖县不同沙化类型植物多样性指数

沙化类型	丰富度指数	Simpson 多样性指数	Shannon-Wiener 信息指数	Pielou 均匀度指数
露沙地	3.454±0.056a	0.872±0.013a	2.280±0.020a	0.876±0.007a
固定沙地	2.512±0.005b	0.773±0.005b	1.866±0.013b	0.743±0.006b
半固定沙地	1.120±0.019c	0.751±0.010b	1.531±0.005c	0.732±0.013b
流动沙地	0.949±0.040d	0.602±0.008d	1.042±0.004d	0.689±0.007b

通过对阿坝县沙化地植物的调查，统计计算出不同沙化类型植物物种多样性如表 3.5 所示。沙质露沙地的丰富度指数、Simpson 多样性指数、Shannon-Wiener 信息指数、Pielou 均匀度指数显著高于石砾化露沙地和固定沙地，固定沙地与石砾化露沙地物种多样性差异相对较小，这可能是由于石砾化露沙地正在向固定沙地退化。各沙化类型群落均匀度指数变化幅度小，所以群落稳定性变化不明显。

表 3.5　阿坝县不同沙化类型植物多样性指数

沙化类型	丰富度指数	Simpson 多样性指数	Shannon-Wiener 信息指数	Pielou 均匀度指数
沙质露沙地	2.281±0.010a	0.901±0.015a	2.530 ±0.011a	0.842 ±0.021a
石砾化露沙地	1.891±0.071b	0.847±0.011b	2.023 ±0.032b	0.776 ±0.014b
固定沙地	1.620±0.040c	0.811±0.010b	1.896 ±0.007c	0.729 ±0.015b

根据野外调查的数据计算得出稻城县不同沙化类型植物多样性情况如表 3.6 所示。可以看出，随沙化程度的加重，丰富度指数、Simpson 多样性指数、Shannon-Wiener 信息指数、Pielou 均匀度指数显著降低，演替到流动沙地时，这四个指数的值分别为 1.631、0.627、1.750、0.561，与露沙地相比，分别降低了 24.80%、25.17%、10.26%、33.69%。其中 Pielou

均匀度指数下降幅度最大,说明群落稳定性明显降低,群落处于不断演替阶段。石砾化半固定沙地均匀度指数在 0.5 左右,说明群落稳定性差,同时群落也更容易向其他群落演替。

表 3.6 稻城县不同沙化类型植物多样性指数

沙化类型	丰富度指数	Simpson 多样性指数	Shannon-Wiener 信息指数	Pielou 均匀度指数
露沙地	2.169±0.012a	0.838±0.013a	1.950±0.020a	0.846±0.010a
石砾化固定沙地	1.846±0.032b	0.721±0.015b	1.816±0.023b	0.745±0.024b
石砾化半固定沙地	1.631±0.015c	0.627±0.008c	1.750±0.011c	0.561±0.013c

根据野外调查情况,色达的沙化类型分为露沙地、固定沙地、半固定沙地,没有明显的流动沙地,其物种多样性情况如表 3.7 所示。随沙化程度的加剧,丰富度指数、Simpson 多样性指数、Shannon-Wiener 信息指数、Pielou 均匀度指数均显著降低,露沙地退化到半固定沙地时,四种多样性指数值分别降低了 37.73%、28.37%、22.57%、23.92%。露沙地和固定沙地的物种丰富度指数均在 2 以上,说明露沙地和固定沙地物种比较丰富,其均匀度指数也显著高于半固定沙地,所以露沙地和固定沙地群落较半固定沙地群落稳定。

表 3.7 色达县不同沙化类型植物多样性指数

沙化类型	丰富度指数	Simpson 多样性指数	Shannon-Wiener 信息指数	Pielou 均匀度指数
露沙地	2.780±0.015a	0.867±0.021a	2.260±0.019a	0.853±0.011a
固定沙地	2.248±0.022b	0.781±0.018b	1.935±0.016b	0.760±0.023b
半固定沙地	1.731±0.010c	0.621±0.002c	1.750±0.010c	0.649±0.018c

理塘县不同沙化类型物种多样性指数随变化情况如表 3.8 所示,其中丰富度指数、Shannon-Wiener 信息指数下降显著,从露沙地退化到流动沙地,丰富度指数由 3.104 降低到 1.059,Shannon-Wiener 信息指数由 2.334 降低到 1.283,分别降低了 65.88%、45.03%。Simpson 多样性指数、Pielou 均匀度指数下降幅度不大,露沙地与固定沙地间没有显著性差异,到流动沙地降低了 28.72%、31.47%。

表 3.8 理塘县不同沙化类型植物多样性指数

沙化类型	丰富度指数	Simpson 多样性指数	Shannon-Wiener 信息指数	Pielou 均匀度指数
露沙地	3.104±0.013a	0.867±0.019a	2.034±0.022a	0.877±0.018a
固定沙地	2.353±0.009b	0.805±0.025a	1.968±0.010b	0.821±0.016a
半固定沙地	1.702±0.031c	0.737±0.022c	1.589±0.015c	0.706±0.011c
流动沙地	1.059±0.009d	0.618±0.023d	1.283±0.009d	0.601±0.013d

露沙地丰富度指数高达 3.104,固定沙地的丰富度指数也在 2 以上,说明露沙地和固

定沙地的物种丰富,同时 Pielou 均匀度指数也显著高于半固定和固定沙地,所以露沙地和固定沙地的群落较其他沙化类型的群落稳定。

上述结果表明,川西北高寒沙地露沙地物种多样性较高,植物群落较稳定,流动沙地物种多样性较低,植物群落稳定性差。

物种多样性是所有生态系统的固有特征,是人类赖以生存的基础,物种多样性与生态系统功能作用的研究是生物多样性研究的核心领域之一(陈灵芝等,1997)。生物多样性丧失是退化草地的显著特征。通过上述调查结果的分析可以看出,伴随着沙化程度加剧,植物群落的结构组成发生明显变化,同时植物群落外貌表现出较大的改变,植物群落层次结构减少,群落盖度逐渐降低,在半固定和流动沙化地下降尤为明显,这与王文颖等(2001)的研究结果一致,但和赵忠等(2002)的研究结果相悖,这可能和研究区域不同有关。因为优良牧草衰退,毒杂草增加,群落稳定性下降(张堰寻,1990),进而影响动物群落,尤其是有害动物种群数量增加,导致草场向退化演替方向发展。伴随着微环境向旱生方向变化,植物多样性下降,体现在丰富度指数、均匀度指数、Shannon-Wiener 指数和 Simpson 指数等指数值的下降上,优势物种构成也发生较大的变化。随着沙化的进程,仅有一些耐性较强的物种生存,物种丰富度和均匀度均明显下降,所以在半固定沙地和流动沙地植被样地中表现出生物多样性极低的特征。

6) 适生植物资源库的建立

通过对典型沙化县不同沙化类型植物调查分析,建立川西北高寒区沙化土地适生植物资源库共计 38 科 105 属 209 种植物,以禾本科(Gramineae)、莎草科(Cyperaceae)、菊科(Compositae)、蔷薇科(Rosaceae)、龙胆科(Gentianaceae)等为主。资源库中草本植物占主要地位,占总种的 93.77%。乔灌种占总种数的 6.22%,主要分布在固定、半固定、流动沙地上,呈零星、点状、簇状、团状分布,轻度沙地上灌木十分少见。常见灌木种类有沙棘、锦鸡儿、康定柳、金露梅、高山绣线菊、窄叶鲜卑花等。

为了指导基层工作人员对区域常见植物的辨识,加大项目成果在基础治沙以及在造林作业设计中的推广应用,顺应需求,项目组还根据川西北高寒区沙化土地适生植物资源库编制了《高寒沙地常见植物图谱》。

2. 川西北高寒沙地种子植物区系分析

1) 科的分布区类型

植物分布区类型是指植物类群(科、属、种)的分布图式始终一致(大致)地再现。显然,同一分布区类型的植物有着大致相同的分布范围和形成历史,而同一个地区的植物可以有各种不同的植物分布区类型。划分、分析整理某一地区植物的分布区类型,有助于了解这一地区植物区系各种成分的特征与性质。

根据世界种子植物科的分布区类型系统即吴征镒等(1983)的研究,对川西北高寒沙区的 38 科种子植物的分布区类型进行划分、统计,沙区共计有 5 个分布区类型和 3 个变型(表3.9)。

表 3.9　川西北沙化地区种子植物科的分布区类型

分布区类型	科数	占总科数(%)
1. 世界广布	16	42.11
2. 泛热带	3	7.89
2-1. 热带亚洲, 大洋洲(至新西兰)和中、南美(或墨西哥)间断分布	1	2.63
4. 旧世界热带	1	2.63
8. 北温带	12	31.58
8-4. 北温带和南温带间断分布	3	7.89
9. 东亚和北美间断分布	1	2.63
10-3. 欧亚与南非(有时也在澳大利亚)	1	2.63
合计	38	100

由表 3.9 可以看出，本区系世界分布(1 型)最多，有 16 科，占总科数 42.11%；热带分布(2-4 型)共计 5 个科，占总科数 13.15%；温带分布(8-10 型)有 17 个科，占总科数 44.73%；热带科中以泛热带科最多，共 3 科，占总科数 7.89%；温带科中是以北温带及其变型的科，共 15 科，占总科数 39.47%。川西北高寒沙区平均海拔相对较高，处于高寒地带，因此温带科较多，占总科数的 30%以上。

2)属的分布区类型

根据吴征镒等(1991；2003)关于中国种子植物属分布区的划分方案，对川西北高寒沙化土地种子植物 105 属进行归类统计(表 3.10)。结果表明，该区种子植物的 105 属共分为 8 个分布区类型，9 个变型。其中，世界分布属 11 属，占总属数的 10.48%；热带分布(2-4 型)仅 4 个属，占总属数 3.81%；温带分布(8-14 型)则有 87 个属，占总属数 82.84%，说明川西北高寒沙化土地的种子植物区系具明显的温带性质；此外中国特有分布 3 个属，占总属数的 2.86%。在该区系中仅包含了中国所有种子植物 15 种分布区类型中的 8 个类型以及所有变型 31 种中的 9 种，可见，川西北高寒沙化土地的种子植物分布区类型较少，以温带分布为主。

表 3.10　川西北沙化地区种子植物属的分布区类型

分布区类型	属数	占属总数比例(%)
1. 世界广布	11	10.48
2. 泛热带	3	2.86
4. 旧世界热带	1	0.95
8. 北温带	42	40.00
8-2. 北极-高山分布	2	1.90
8-4. 北温带和南温带间断分布	12	11.43
8-5 欧亚和南美洲温带间断分布	2	1.90
10. 旧世界温带	8	7.62
10-1. 地中海区, 西亚(或中亚)和东亚间断分布	1	0.95

分布区类型	属数	占属总数比例(%)
10-2. 地中海区和喜马拉雅间断分布	1	0.95
10-3. 欧亚和南非(有时也在澳大利亚)	1	0.95
11. 温带亚洲	5	4.76
12-4. 地中海区至热带非洲和喜马拉雅间断	1	0.95
13-2. 中亚东部至喜马拉雅和中国西南部	1	0.95
14. 东亚	3	2.86
14SH. 中国-喜马拉雅	8	7.62
15. 中国特有	3	2.86
合计	105	100

3) 种子植物的区系特征

通过对川西北高寒沙化土地种子植物区系中科、属、种的统计分析及科、属的分布区类型分析，得出种子植物区系具有如下几种主要特征。

(1) 物种组成单一，类型简单。川西北高寒沙化土地有种子植物 38 科 109 属 209 种，分别占中国总科、属、种数的 16.74%、3.36% 和 0.80%。种植植物区系组成中，寡种属和单种属的属数所占比例接近 95%，研究区处于青藏高原东缘的川西北高原，海拔相对较高，区域内物种数量极少，说明研究区植物多样性较低，物种组成简单，类型单一。

(2) 沙化地优势科明显。种数在 6 种以上的科有 13 个，占本区种子植物总科数的 34.21%，其中种数多于 20 种的大科有 1 科，共计含有植物 151 种，占本区种子植物总种数的 70.89%，由此可见，高寒沙区优势科数量较大，所含种类在高寒沙区物种组成上优势明显。

(3) 属的分布区类型较简单。在我国种子植物属的 15 种分布区类型 31 个分布区变型中，本区有 8 个分布区类型和 9 个分布区变型，表明研究区种子植物区系类型中，属的分布区类型较为单一，且组成较简单。

(4) 植物区系温带性质明显。对沙化地植物区系的科和属的区系分析表明，研究区植物区系的温带性质明显。在属的分布区类型中，温带性质的属的比例占主要优势，总的比例占整个区系的 82.86%。

(5) 属的特有类型突出。川西北高寒沙化区中国特有属共计有 3 属，占该区总属数的 2.86%，说明研究区种子植物属的分布区类型特有现象较为突出。

通过区系分析得出川西北高寒沙地适生植物主要以温带分布为主，占整个区系的 82.86%。

3. 川西北高寒区不同沙化类型适生植物筛选

对川西北高寒沙地适生植物资源库中的植物进行区系分析得出不同沙化类型分布的植物名录，为基层治沙工作、防沙治沙工程作业设计提供参考。

通过设置样带样方调查，经过统计、区系分析得出若尔盖、阿坝、稻城、色达、理塘五个典型沙化县不同沙化地上适生物种的组成,从而筛选出川西北高寒沙区不同沙化地上的适生植物。

　　1)若尔盖县

　　若尔盖县常见沙生植物共计 162 种,隶属于 35 科 93 属,占整个川西北沙生植物种的76.05%。不同的沙化土地类型,植物种类及数量有所不同。

　　露沙地优势种多由高山嵩草、四川嵩草、青藏薹草等禾本科及莎草科植物组成,少量的露沙地优势种为鹅绒委陵菜和细叶亚菊,伴生种主要有淡黄香青、细叶亚菊、肉果草、乳白香青、垂穗披碱草、鹅绒委陵菜、羊茅、草地早熟禾、钝裂银莲花、狼毒等;固定沙地优势种主要有二裂委陵菜、细叶西伯利亚蓼、无茎黄鹌菜、黄帚橐吾、露蕊乌头等,常伴生有青藏薹草、高山嵩草、矮生嵩草、肉果草、钝裂银莲花、四川薹草、白花枝子花、露蕊乌头、楔叶委陵菜、蓬子菜、紫菀等;半固定沙地优势种有赖草、异株矮麻黄、白花枝子花、二裂委陵菜、细叶西伯利亚蓼等,伴生种主要有露蕊乌头、云南棘豆、细叶亚菊、聚头蓟、老芒麦、青藏薹草等;流动沙地优势种不明显,主要有赖草、绳虫实、异株矮麻黄、二裂委陵菜、老芒麦、青藏薹草等(表 3.11)。

表 3.11　若尔盖县不同沙化类型优势种重要值

沙化类型	种名	重要值
露沙地	高山嵩草 *Kobresia pygmaea* C. B. Clarke	0.34
	青藏薹草 *Carex moorcroftii* Falc. ex Boott	0.27
	四川嵩草 *Kobresia setchwanensis* Hand.-Mazz.	0.30
	矮生嵩草 *Kobresia humilis*（C. A. Mey. ex Trautv.）Sergiev	0.37
	鹅绒委陵菜 *Potentilla anserina* L.	0.33
	细叶亚菊 *Ajania tenuifolia*（Jacq.）Tzvel.	0.25
	黄帚橐吾 *Ligularia virgaurea*（Maxim.）Mattf.	0.23
固定沙地	二裂委陵菜 *Potentilla bifurca* L.	0.31
	细叶西伯利亚蓼 *Polygonum sibiricum* Laxm. var. *thomsonii* Meisn. ex Stew.	0.32
	无茎黄鹌菜 *Youngia simulatrix*（Babcock）Babcock et Stebbins	0.35
	露蕊乌头 *Aconitum gymnandrum* Maxim.	0.33
	白花枝子花 *Dracocephalum heterophyllum* Benth.	0.37
	赖草 *Leymus secalinus*（Georgi）Tzvel.	0.30
半固定沙地	细叶西伯利亚蓼 *P. sibiricum* Laxm. var. thomsonii Meisn. ex Stew.	0.40
	异株矮麻黄 *Ephedra minuta* Florin var. *dioeca* C. Y. Cheng	0.24
	二裂委陵菜 *P. bifurca* L.	0.24
	赖草 *L. secalinus*（Georgi）Tzvel.	0.48
	绳虫实 *Corispermum declinatum* Steph. ex Stev.	0.41
流动沙地	二裂委陵菜 *P. bifurca* L.	0.30
	老芒麦 *Elymus sibiricus* Linn.	0.47
	异株矮麻黄 *E. minuta* Florin var. *dioeca* C. Y. Cheng	0.53

2) 阿坝县

阿坝县共计有种子植物 144 种,隶属于 35 科 83 属。占整个川西北沙生植物的 67.61%。石砾化露沙地有约 11 种植物,沙质露沙地有约 18 种植物;固定沙地有约 10 种植物。

沙质露沙地优势种多为四川嵩草、葛缕子、草地早熟禾、草玉梅等,常见伴生种(盖度 1%以上)多为二裂委陵菜、楔叶委陵菜、香青、高原毛茛、火绒草、狭叶垂头菊、早熟禾、蒲公英、珠芽蓼、圆穗蓼、羊茅、垂穗披碱草等;石砾化露沙地优势种有鹅绒委陵菜、肉果草、平车前、高山嵩草等,常伴生有矮火绒草、平车前、楔叶委陵菜、香青、草地早熟禾、独一味、蒲公英等;固定沙地植被中主要优势种多为狭叶垂头菊、二裂委陵菜、草玉梅、鹅绒委陵菜等中度退化程度常见的优势种,样地中通常由上述物种中的 3~5 种共同组成优势种。常见伴生种(盖度 1%以上)多为马先蒿、狼毒、蒲公英、凤毛菊、垂穗披碱草、珠芽蓼、香青、钩腺大戟、高原毛茛、银莲花等(表 3.12)。

表 3.12   阿坝县不同沙化类型优势种重要值

沙化类型	种名	重要值
沙质露沙地	四川嵩草 *K. setchwanensis* Hand.-Mazz.	0.17
	葛缕子 *Carum carvi* L.	0.15
	草地早熟禾 *Poa pratensis* L.	0.14
	高山嵩草 *K. pygmaea* C. B. Clarke	0.20
	鹅绒委陵菜 *P. anserina* L.	0.19
石砾化露沙地	高山嵩草 *K. pygmaea* C. B. Clarke	0.30
	平车前 *Plantago depressa* Willd.	0.16
	肉果草 *Lancea tibetica* Hook. f. et Hsuan	0.20
	狭叶垂头菊 *Cremanthodium angustifolium* W. W. Smith	0.28
固定沙地	二裂委陵菜 *P. bifurca* L	0.21
	草玉梅 *Anemone rivularis* Buch.-Ham.	0.19
	鹅绒委陵菜 *P. anserina* L.	0.23

3) 稻城县

稻城县沙化地共计有种子植物 135 种,隶属于 81 属 34 科,占整个川西北种子植物种的 63.38%。不同沙化类型,植物物种数量有所不同。沙质露沙地有约 12 种植物,石砾化露沙地有约 11 种植物,石砾化半固定沙地有约 9 种植物。

露沙地优势种主要有高山嵩草、四川嵩草、草地早熟禾、西川韭等,此外还有少量的以狼毒为优势种,伴生种主要有狭叶红景天、马蹄黄、淡黄香青、乳浆大戟、灰毛蓝钟花、草地早熟禾、茅膏菜、钉柱委陵菜、展苞灯心草等,盖度均高于 1%;石砾化固定沙地优势种多为淡黄香青、高山紫菀、马蹄黄、曲枝羊茅等,伴生种常有乳浆大戟、钉柱委陵菜、茅膏菜等;石砾化半固定沙地优势种为肉果草、青藏薹草、乳浆大戟等,常见的伴生植物有灰毛蓝钟花、草地早熟禾、沙蒿、鄂西鼠尾等(表 3.13)。

表 3.13　稻城县不同沙化类型优势种重要值

沙化类型	种名	重要值
露沙地	高山嵩草 *K. pygmaea* C. B. Clarke	0.37
	西川韭 *Allium xichuanense* J. M. Xu	0.30
	狼毒 *Euphorbia fischeriana* Steud.	0.36
	四川嵩草 *K. setchwanensis* Hand.-Mazz.	0.25
	草地早熟禾 *P. pratensis* L.	0.22
石砾化固定沙地	淡黄香青 *Anaphalis flavescens* Hand.-Mazz.	0.30
	高山紫菀 *Aster alpinus* L.	0.14
	马蹄黄 *Spenceria ramalana* Trimen	0.10
	曲枝羊茅 *Festuca undata* Stapf	0.13
	肉果草 *L. tibetica* Hook. f. et Hsuan	0.17
石砾化半固定沙地	乳浆大戟 *Euphorbia esula* L.	0.14
	灰毛蓝钟花 *Cyananthus incanus* Hook. f. et Thoms.	0.18
	青藏薹草 *C. moorcroftii* Falc. ex Boott	0.19

4）色达县

色达县沙化地共计有种子植物 157 种，隶属于 89 属 34 科。占整个川西北沙生植物种的 73.70%。从露沙地到半固定沙地，植物物种由 18 种减少到 10 种，减少了近一半。固定沙地有 14 种左右。

露沙地优势种为高山嵩草、细叶亚菊、垂穗披碱草、矮生嵩草、青藏薹草等，常伴生有曲枝羊茅、星叶草、西伯利亚蓼、高山龙胆、尼泊尔蓼等植物，在群落中随机分布，盖度为 5%～15%；固定沙地优势种主要有鹅绒委陵菜、尼泊尔蓼、臭蒿、楔叶委陵菜、聚头蓟等，常见的伴生植物有露蕊乌头、珠芽蓼、垂穗披碱草、遏蓝菜、曲枝羊茅、黄帚橐吾、异株矮麻黄、华扁穗草等，盖度为 5%～15%；半固定沙地的优势种为淡黄香青、细叶亚菊、尼泊尔蓼、鹅绒委陵菜、抽葶藁本等，样方中常伴生有独一味、抽葶藁本、喉毛花、钩腺大戟、火绒草等，盖度为 5%～10%（表 3.14）。

表 3.14　色达县不同沙化类型优势种重要值

沙化类型	种名	重要值
露沙地	高山嵩草 *K. pygmaea* C. B. Clarke	0.31
	垂穗披碱草 *Elymus nutans* Griseb.	0.24
	矮生嵩草 *K. humilis* （C. A. Mey. ex Trautv.） Sergiev	0.20
	青藏薹草 *C. moorcroftii* Falc. ex Boott	0.12
	细叶亚菊 *A. tenuifolia* （Jacq.） Tzvel.	0.36
固定沙地	鹅绒委陵菜 *P. anserina* L.	0.22
	尼泊尔蓼 *Polygonum nepalense* Meisn.	0.13
	臭蒿 *Artemisia hedinii* Ostenf. et Pauls.	0.13

续表

沙化类型	种名	重要值
	楔叶委陵菜 *Potentilla cuneata* Wall. ex Lehm.	0.13
	聚头蓟 *Cirsium souliei*（Franch.）Mattf.	0.17
	淡黄香青 *A. flavescens* Hand.-Mazz.	0.27
	细叶亚菊 *A. tenuifolia*（Jacq.）Tzvel.	0.15
半固定沙地	尼泊尔蓼 *P. nepalense* Meisn.	0.18
	抽葶藁本 *Ligusticum scapiforme* Wolff	0.20
	鹅绒委陵菜 *P. anserina* L.	0.17

5）理塘县

理塘县沙化地共计有种子植物 125 种，隶属于 80 属 35 科。占整个川西北沙生植物种的 58.67%。随着沙化程度的加剧，植物物种数量明显减少，从露沙地到流动沙地，植物物种由 20 种减少到 4 种，减少了 80%，固定沙地分布有约 12 种植物，半固定沙地分布有约 7 种植物。

露沙地优势种为马蹄黄、多穗蓼、青藏薹草、黄帚橐吾、粗壮嵩草等，常伴生有狼毒、匙叶翼首花、珠芽蓼、皱叶绢毛苣、垂穗披碱草、沙蒿、马先蒿、蓝白龙胆、灰毛蓝钟花、肋柱花等植物，在群落中随机分布；固定沙地优势种主要有黄帚橐吾、多穗蓼、楔叶委陵菜等，常见的伴生植物有狼毒、抽葶藁本、匙叶翼首花、蓝翠雀花、钩腺大戟、金沙绢毛菊等；半固定沙地优势种为淡黄香青、楔叶委陵菜、黄帚橐吾等，样方中常伴生有匙叶翼首花、抽葶藁本、肋柱花、钩腺大戟、火绒草、金沙绢毛菊等，盖度在 5%左右；石砾化流动沙地优势种多为展毛银莲花、匙叶翼首花、钩腺大戟、白苞筋骨草等，伴生种多为青藏薹草、白苞筋骨草、淡黄香青、皱叶绢毛苣、滇边大黄等（表 3.15）。

表 3.15　理塘县不同沙化类型优势种重要值

沙化类型	种名	重要值
	马蹄黄 *S. ramalana* Trimen	0.34
	青藏薹草 *C. moorcroftii* Falc. ex Boott	0.15
露沙地	粗壮嵩草 *Kobresia robusta* Maxim.	0.24
	黄帚橐吾 *L. virgaurea*（Maxim.）Mattf.	0.22
	多穗蓼 *Polygonum polystachyum* Wall. ex Meisn.	0.29
	黄帚橐吾 *L. virgaurea*（Maxim.）Mattf.	0.35
固定沙地	多穗蓼 *P. polystachyum* Wall. ex Meisn	0.14
	楔叶委陵菜 *P. cuneata* Wall. ex Lehm.	0.12
	淡黄香青 *A. flavescens* Hand.-Mazz	0.25
半固定沙地	楔叶委陵菜 *P. cuneata* Wall. ex Lehm.	0.34
	黄帚橐吾 *L. virgaurea*（Maxim.）Mattf.	0.19
石砾化流动沙地	展毛银莲花 *Anemone demissa* Hook. f. et Thomson	0.22

续表

沙化类型	种名	重要值
	匙叶翼首花 *Pterocephalus hookeri* (C. B. Clarke) Hock.	0.28
	白苞筋骨草 *Ajuga lupulina* Maxim.	15.22
	钩腺大戟 *Euphorbia sieboldiana* Morr. et Decne	17.31

综上所述，整个川西北高寒沙区露沙地多以嵩草、薹草等为优势种，以鹅绒委陵菜、香青、楔叶委陵菜等为亚优种。伴生种主要分布有垂穗披碱草、肉果草、蒲公英、早熟禾、西伯利亚蓼、细叶亚菊、独一味、秦艽、珠芽蓼、蓬子菜等。固定沙地多以嵩草、露蕊乌头、细叶西伯利亚蓼、细叶亚菊、二裂委陵菜、早熟禾、楔叶委陵菜、鹅绒委陵菜等为优势种。伴生种多以垂穗披碱草、青藏薹草、白花枝子花、高原毛茛、香青、火绒草、风毛菊、狼毒、高山羊茅、黄帚橐吾、马先蒿、钩腺大戟等为主。半固定沙地多以赖草、聚头蓟、棘豆、香青等为优势种。伴生种主要分布有银莲花、二裂委陵菜、白花枝子花、沙蒿、钩腺大戟等。流动沙地植物种较少，主要是赖草、青藏薹草、绳虫实、匙叶翼首花、白苞筋骨草等。

川西北高寒沙区不同沙化类型物种组成如表 3.16 所示。

表 3.16　川西北高寒沙区不同沙化类型植物组成

沙化类型	种名
露沙地	高山嵩草、矮生嵩草、垂穗披碱草、青藏薹草、粗壮嵩草、草地早熟禾、四川嵩草、曲枝羊茅、黄帚橐吾、龙胆、麻花艽、独一味、蒲公英等
固定沙地	黄帚橐吾、鹅绒委陵菜、尼泊尔蓼、多穗蓼、楔叶委陵菜、二裂委陵菜、淡黄香青、西伯利亚蓼、细叶西伯利亚蓼、露蕊乌头、无茎黄鹌菜、草玉梅等
半固定沙地	淡黄香青、楔叶委陵菜、黄帚橐吾、细叶亚菊、抽葶藁本、乳浆大戟、灰毛蓝钟花、肉果草、白花枝子花、异株矮麻黄等
流动沙地	展毛银莲花、匙叶翼首花、赖草、老芒麦、绳虫实等

4. 川西北高寒沙区不同沙化类型适生常见植物图谱的构建

为更好地指导治沙工程植物筛选工作，研究组构建了不同沙化类型常见植物图谱，包括不同沙化类型分布的乔灌木种和草本种。乔灌种主要有康定柳、金露梅、高山绣线菊、窄叶鲜卑花等；草种主要有高山嵩草、露蕊乌头、叠裂银莲花、驴蹄草等。植物图谱内容包括识别特征、分布范围、分布的沙化类型等。以下是部分植物识别特征。

(1) 金露梅(图 3.3)。小灌木，高 0.6～1.5m，多分枝；多年生枝红褐色或褐色，当年生枝浅绿色，全枝被丝状柔毛，奇数羽状复叶，小叶 3～7 枚，长椭圆状披针形，长 0.7～1.0m，宽 0.2～0.3cm，先端尖，基部楔形，边全缘，正反面均有疏毛，叶边缘有三角毛；叶柄长 0.3cm，有柔毛；叶托叶膜质，浅褐色，下部与叶柄愈合，有柔毛。花单生于叶腋或顶生数朵伞房花序，花梗长 0.4～1.0cm，有长柔毛；花黄色，径 1.2～2.0cm，花托密被柔毛；副萼线形，先端尖，等于或长于萼片，绿色有柔毛；萼片三角状卵形，浅黄色，有柔毛；花瓣 5，近圆形，比萼稍长，长 0.5～0.8cm，宽 0.4～0.6cm，雄蕊 25 枚，长 0.12cm，雌蕊多数。花期 5～9 月，果期 8～10 月，瘦果，冬季宿存。

图 3.3　金露梅

(2) 变叶海棠(图 3.4)。灌木至小乔木，高 3～6m；小枝圆柱形，嫩时具长柔毛，以后脱落，老时紫褐色或暗褐色，有稀疏褐色皮孔；冬芽卵形，先端急尖，外被柔毛，紫褐色。叶片形状变异很大，通常卵形至长椭圆形，长 3～8cm，宽 1～5cm，先端急尖，基部宽楔形或近心形，边缘有圆钝锯齿或紧贴锯齿，常具不规则 3～5 深裂，亦有不裂，上面有疏生柔毛，下面沿中脉及侧脉较密；叶柄长 1～3cm，具短柔毛；托叶披针形，先端渐尖，全缘，具疏生柔毛。花 3～6 朵，近似伞形排列，花梗长 1.8～2.5cm，稍具长柔毛；苞片膜质，线形，内面具柔毛，早落；花直径约 2～2.5cm；萼筒钟状，外面有绒毛；萼片三角披针形或狭三角形，先端渐尖，全缘，长 3～4mm，外面有白色绒毛，内面较密；花瓣卵形或长椭倒卵形，长 8～11mm，宽 6～7mm，基部有短爪，表面有疏生柔毛或无；毛，白色；雄蕊约 20 枚，花丝长短不等；长约花瓣之 2/3；花柱 3，稀 4～5；基部联合，无毛，较雄蕊稍短。果实倒卵形或长椭圆形，直径 1～1.3cm，黄色有红晕，无石细胞；萼片脱落；果梗长，3～4cm；无毛。花期 4～5 月，果期 9 月。

图 3.4　变叶海棠

3.1.4　小结

(1) 沙地适生植物资源库的建立。调查统计出川西北高寒沙地适生植物有 209 种，并编制了植物名录。区域植物以禾本科、莎草科、菊科、蔷薇科、龙胆科等为主，植物物种仅占全国的 0.77%～0.80%，植物物种极为匮乏。

(2)物种多样性。对不同沙化类型土地上植物物种多样性分析表明，川西北高寒沙化地物种多样性随沙化程度的加剧，丰富度指数、Simpson 多样性指数、Shannon-Wiener 信息指数、Pielou 均匀度指数均呈逐渐降低的趋势，流动沙地群落均匀度指数均较低，其稳定性差。

(3)植物区系特征。区系分析结果表明，川西北高寒沙地植物以温带分布为主，占整个区系的 82.86%。说明川西北高寒沙化地种子植物区系有着明显的温带性质。中国特有分布的区系特征较为明显。

(4)不同沙化类型适生植物。露沙地主要以禾本科和莎草科植物为主，嵩草、薹草、早熟禾类植物较多；固定沙地多以委陵菜、蓼类等植物为主；半固定沙地多以菊科的细叶亚菊、香青、橐吾以及蔷薇科的委陵菜等植物为主；流动沙地多以赖草植物为主。研究组构建了不同沙化类型适生植物图谱和名录。

3.2 川西北高寒沙地优良治沙乔灌木选育研究

植物治沙是一种见效快、作用期长、相对造价低、施工简便、效果明显的治沙方法，不仅防风蚀作用明显，也为防水蚀提供了保障。因此在治沙植物的筛选上，国内外学者做了大量研究，致力于筛选适应沙区迫切需求的抗干旱、抗盐碱、抗寒以及经济型优良植物材料。

中国科学院林业土壤所章古台工作站和辽宁省章固台固沙造林试验站自 1952 年起开展了固沙植物选引并对其特性进行系统研究的工作，先后对乡土树种、野生草种进行试验，从引种的植物中筛选了差巴嘎篙 (*Artemisia halodedron*)、小叶锦鸡儿 (*Caragana mierophylla*)、胡枝子 (*Lespedeza dicolor*)、黄柳 (*salix gordegevii*)、紫穗槐 (*Amorpha fruticlsa*) 等适合该区域的固沙灌木，并成功引种樟子松 (*pinus sylvestris* var.mongolica) 和油松 (*P.tabula eformis*) 等针叶树种。

自 1959 年起，我国西北及内蒙古六省(自治区)的各种类型的治沙站点，依据科研人员对沙漠植物考察提供的资料，对数十种野生的沙漠植物进行了引种育苗和固沙造林的试验工作。经过长期努力，先后筛选出适合各沙区的一批优良固沙植物，同时还开展了对沙漠资源植物引种驯化的工作。

张建国等(2008)在对塔克拉玛干(塔中)引种植物进行调查的基础上，对所引种的植物进行了适应性评价，并为沙漠公路防护林工程建设筛选了适宜的植物种。结果表明，塔中共引种植物 274 种(隶属于 34 科 83 属)，现存 149 种，死亡 86 种，流失 39 种。引种植物中灌木、草本较多，乔木较少，藤本极少；灌木是较适宜种，引种成活率最高，乔木和草本相差不大；草本流失率最高，灌木次之，乔木最低。适宜沙漠公路生物防沙的植物种主要为灌木(31 种)、草本(14 种)、乔木(2 种)。

刘志民(1996)在西藏日喀则引种了 26 个固沙植物种，对其适应性和治沙效果进行研究，填补了西藏特别是高海拔区治沙植物引种工作的空白。联合国开展的"009 项目"，在科尔沁沙地开展引种工作，截至 2004 年初步筛选出适宜该地生长的 4 个树种 9 个种源，大大丰富了科尔沁沙地的树种资源(冯政夫等，1999)。

另外还有大量学者对沙生植物生理特征研究、生产能力，及其对沙化土壤的理化性质影响进行了研究，结合我国的具体情况，对选引植物治沙材料形成较成形的约束条件：具有抗逆性强(对干旱、风蚀、沙打沙割、沙埋、高温、日灼、贫瘠等的适应和忍耐性能)，易繁殖(包括有性繁殖和无性繁殖，且繁殖材料可大量获得)，枝叶茂盛、根系发达(茎枝和根系生长迅速，冠幅大，深根性或水平根长)，生长稳定，长寿或萌蘖性强，易更新(具根茎相互转化的功能，可平茬复壮)，防护效益大；有一定经济利用价值等。另外，根据沙地植物群系演替的规律，总结出植被演替引种的方法；根据不同沙地类型土壤理化性质和地下水位的区别，总结了生态分析法。在筛选和引进治沙植物时，除了考虑治沙植物的适生性、治理效果，考虑植物材料生产力和区域生物多样性，总结出乔、灌、草结合的方法。学者们根据中国科学院自然区划委员会划分生物气候带的界限系统总结了各沙区近30年里对固沙植物引种驯化的经验。依据造林学"适地适树"的原则和植物引种驯化工作中，气候相似论、并行指示植物法、生态分析法等理论和方法，提出了指导固沙植物引种驯化的生物气候带的理论(郭志中，1985；刘姚心，1982；廖馥荪，1956)。

按照治沙植物的适生性、治理效果、生产力和生物多样性原则，我国在各个沙区选择适宜的植物种类以及配套措施进行大量引种试验，国内引进抗旱植物材料有沙米、虫实、沙蒿、柠条、赖草、青藏苔草、沙枣、花棒、柠条、黄柳、头状、沙拐枣、乔木状沙拐枣、籽篙、油篙、差把嘎篙、沙竹、羊柴、草原二号紫花苜楷、肥披碱草、披碱草、刺槐、侧柏、黄柏、复叶槭、槭树、冻绿鼠李、核桃、奕树、白蜡、珍珠梅、紫穗槐、拓树、山杏、大白柠条、沙棘、中国地锦、扶芳藤、胡枝子、沙榆、羊草、蒙古冰草、老芒、高丹草等。

川西北高寒沙化区海拔高，大都在3500m以上，气候寒冷，适宜在该区域沙地上生长的植物比较少。2013年川西藏区规划启动，将22个县纳入川西藏区沙化土地治理范围，规划沙化土地治理面积34.34万hm²，治理面积的扩大和治理材料的单一，导致近年来的沙化治理工作中已经开始出现苗木供应不足的问题。针对这一问题开展了治沙植物种适应性研究，目的是筛选出适合川西北高寒沙区的治沙植物种，并在筛选的治沙植物中开展优良新品种的选育研究，为川西北沙地的规模化治理提供更多更好的植物材料。本研究主要对乡土植物、引种植物进行适应性评价研究和优良新品种的选育研究。

3.2.1 川西北高寒沙地乡土乔灌木筛选试验

1. 高寒沙地优良沙生乔灌木无性扦插

从表3.17中可以看出，康定柳蘸插的成活率在45%以下，100倍液的可达52.0%，200倍液浸泡20小时的效果最好，其成活率达85.0%以上，平均高度84cm，在扦插枝条上，粗度在2cm以上的扦插成活率高，为72.2%，植株粗壮，分枝数3～5个，平均高度75cm。窄叶鲜卑花结果没有成活一株，并且插条剪口处没有一枝形成愈伤组织。毛叶绣线菊50倍液蘸插150枝，成活2株，200倍液浸泡15小时插110枝，成活1株，200倍液浸泡20小时插180枝，成活6株，但没有成活的插枝，大部分插条剪口处形成了愈伤组织。西藏忍冬50倍液蘸插10枝，成活1株；200倍液浸泡20小时插20枝，成活1株；

没有成活的插枝有部分插条剪口处形成了愈伤组织。

表 3.17　高寒沙区沙生乔灌木无性扦插繁殖试验结果统计表

树种名称	处理方式		浸泡时间	扦插枝数（枝）	成活株数（株）	成活率(%)	备注
康定柳	ABT 生根液 50 倍液蘸插		5 秒	100	42	42.0	
	ABT 生根液 100 倍液浸泡		12 小时	100	52	52.0	
	ABT 生根液 200 倍液浸泡		15 小时	150	98	65.3	
	ABT 生根液 200 倍液浸泡	枝粗 2cm 以下	20 小时	90	52	57.7	
		枝粗 2cm 以上	20 小时	90	65	72.2	
	200 倍液浸泡混合型枝条		20 小时	490	414	85.0	
毛叶绣线菊	ABT 生根液 50 倍液蘸插		5 秒	150	2	1.3	
	ABT 生根液 100 倍液浸泡		6 小时	180	0	0	
	ABT 生根液 200 倍液浸泡		15 小时	110	1	0.9	
	ABT 生根液 200 倍液浸泡		20 小时	180	6	3.3	
西藏忍冬	ABT 生根液 50 倍液蘸插		5 秒	10	1	10.0	
	ABT 生根液 200 倍液浸泡		20 小时	20	1	5.0	
窄叶鲜卑花	ABT 生根液 50 倍液蘸插		5 秒	140	0	0	
	ABT 生根液 100 倍液浸泡		6 小时	380	0	0	扦插时间过晚，芽已经萌动
	ABT 生根液 200 倍液浸泡		12 小时	100	0	0	
	ABT 生根液 200 倍液浸泡		15 小时	100	0	0	
	ABT 生根液 200 倍液浸泡		20 小时	210	0	0	

结果表明，对于所试沙生植物的无性繁殖，康定柳扦插繁殖相对容易，其他树种都比较难，且有些树种的种子很小（如绣线菊、金露梅等），种子繁殖也比较困难。

2. 高寒沙地乡土乔灌木移栽后的生长情况及形态特征

在对川西北高寒沙化土地上沙生植物种质资源的本底调查的基础上，将康定柳、金露梅、毛叶绣线菊、沙棘、平枝栒子、窄叶鲜卑花等主要沙生灌木移栽至若尔盖县川西北沙化土地林草植被恢复技术推广与示范点。8 月初统计移栽植物的成活率、苗高、地径（表 3.18），其中移栽到半固定沙地上的康定柳成活率为 78.00%，平均苗高为 125cm，地径平均值为 1.03cm；移栽到露沙地上的康定柳成活率 85.45%，苗高平均值为 1.35m，地径平均值为 13.10mm。金露梅大丛成活率为 100.00%，平均苗高为 32cm，平均地径为 4.01mm；小丛成活率 83.73%，平均苗高为 27cm，平均地径为 2.82mm。沙棘成活率 87.72%，平均苗高 43cm，平均地径 6.62mm。毛叶绣线菊成活率 80.01%，平均苗高为 35cm，平均地径为 4.90mm。窄叶鲜卑花成活率 71.53%，平均苗高为 62cm，平均地径为 5.42mm。

表3.18　移栽的几种沙生灌木的生长情况

指标	金露梅 (大丛)	金露梅 (小丛)	康定柳 (露沙地)	康定柳 (半固定)	沙棘	毛叶 绣线菊	窄叶鲜卑 花
成活率(%)	100.00	83.73	85.45	78.00	87.72	80.01	71.53
苗高(cm)	32	27	135	125	43	35	62
地径(mm)	4.01	2.82	13.10	10.30	6.62	4.90	5.42

综上，金露梅(大丛)移栽成活率最高，其次是沙棘，窄叶鲜卑花的成活率相对较低。康定柳的苗高、地径相对较高，金露梅相对较低。

在野外调查植物资源的同时选取了10年生康定柳人工林、野生的金露梅、窄叶鲜卑花三种沙生灌木进行形态指标的测定，结果如表3.19所示。可以看出康定柳各个形态指标都显著高于金露梅和窄叶鲜卑花。康定柳平均根长达2.81m，能深入沙地，起到很好的固沙作用。金露梅和窄叶鲜卑花根虽然较短，但须根系多，不但能很好地吸收水分供植物体生长，同时也能起到一定的固沙作用。

表3.19　几种沙生灌木形态特征

树种	株高(cm)	地径(cm)	冠幅(cm×cm)	根长(m)	分株数	单丛生物量 (g)
康定柳	155.67	3.51	141×149	2.81	13	2602.97
金露梅	23.24	0.58	21×23	0.85	19	452.67
窄叶鲜卑花	76.86	0.89	37×33	0.78	8	1056.78

3. 高寒沙地几种乡土沙生灌木光合作用光响应特征

由图3.5可知，当光照强度小于200μmol·m^{-2}·s^{-1}时，净光合速率几乎呈线性增长，各树种间差异较小；在200~800μmol·m^{-2}·s^{-1}，增长速度趋近于平缓。随着光照强度进一步增加，当净光合速率达到最高点后，光照强度继续增加时，除沙棘外，其他灌木树种的净光合速率几乎不再提高而趋于平稳，金露梅的净光合速率由于光抑制出现了下降的趋势。

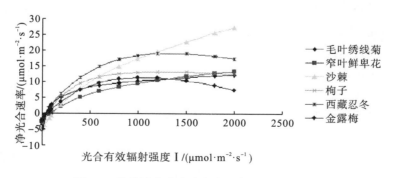

图3.5　几种沙生灌木净光合速率(Pn)的光响应曲线

从拟合的光响应特征参数可知(表3.20)，不同的灌木树种的最大光合速率差异较大，其中沙棘的光饱和点和净光合速率远高于其他灌木树种。暗呼吸速率值为$-1.6674\sim$$-4.8685\mu mol\cdot m^{-2}\cdot s^{-1}$，最大的为沙棘，最小的为毛叶绣线菊，表明沙棘的生理活性较强。表观量子效率反映了叶片在低 PAR 下光合作用的光化学效率，可以表明植物利用弱光的能力，其中利用弱光能力最强的是枸子，最弱的是窄叶鲜卑花。光补偿点以沙棘最高，为$129.14\mu mol\cdot m^{-2}\cdot s^{-1}$，毛叶绣线菊最低，为$46.32\mu mol\cdot m^{-2}\cdot s^{-1}$，近 3 倍的差距说明毛叶绣线菊对弱光的利用能力较强。光饱和点为沙棘最高，枸子最低，说明沙棘对强光的利用能力最强，枸子最弱。毛叶绣线菊的光补偿点和光饱和点均较低，说明其对低光强的适应性较强，而沙棘和鲜卑花的光补偿点和光饱和点均较高，表明它们对高光环境适应较强。

表 3.20　几种主要沙生灌木光响应特征参数

树种	暗呼吸速率 $(\mu mol\cdot m^{-2}\cdot s^{-1})$	表观量子效率 $(mol\cdot mol^{-1})$	最大净光合速率 $(\mu mol\cdot m^{-2}\cdot s^{-1})$	光补偿点 $(\mu mol\cdot m^{-2}\cdot s^{-1})$	光饱和点 $(\mu mol\cdot m^{-2}\cdot s^{-1})$
毛叶绣线菊	-1.6674	0.0360	11.9994	46.32	379.65
窄叶鲜卑花	-2.6304	0.0241	13.1942	109.15	656.62
沙棘	-4.8685	0.0377	27.0594	129.14	846.89
枸子	-4.1439	0.0493	13.0594	84.05	348.95
西藏忍冬	-1.9670	0.0403	18.8560	48.81	516.70
金露梅	-2.0802	0.0286	11.1244	72.73	461.70

4. 高寒沙地几种乡土沙生灌木蒸腾速率和水分利用效率对光强的响应

六种治沙灌木中，西藏忍冬的蒸腾速率显著高于其他物种，毛叶绣线菊的蒸腾速率最低。水分利用效率方面，毛叶绣线菊和沙棘显著高于其他物种，说明毛叶绣线菊和沙棘对干旱的适应能力较强，金露梅、忍冬、枸子、鲜卑花四种灌木间无较大差别(图3.6)。

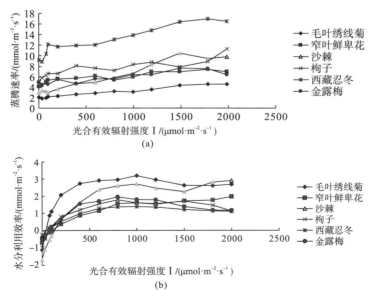

图 3.6　野外几种治沙灌木蒸腾速率和水分利用效率对光强的响应

5. 高寒沙地几种乡土灌木抗旱性的综合评价

1) 干旱胁迫对几种沙生灌木叶片相对含水量的影响

干旱胁迫后各种灌木的叶片相对含水量随时间的延长呈现显著降低的态势（P＜0.05），5 d 时各灌木叶片相对含水量与 CK 相比差异不显著，而从 10～25 d 则呈现显著差异，川滇小檗、环腺柳、沙棘于 10 d 时出现迅速下降趋势，而锦鸡儿、金露梅则出现于 15 d；种间多重比较表明，各对照组间叶片相对含水量不同，同时，干旱胁迫 25 d 后锦鸡儿、金露梅显著高于其他，各种灌木分别比 CK 降低了 15.41 %、16.21 %、20.04 %、21.49 %、22.68 %，降幅依次为锦鸡儿＜金露梅＜川滇小檗＜环腺柳＜沙棘 [图 3.7(a)]。

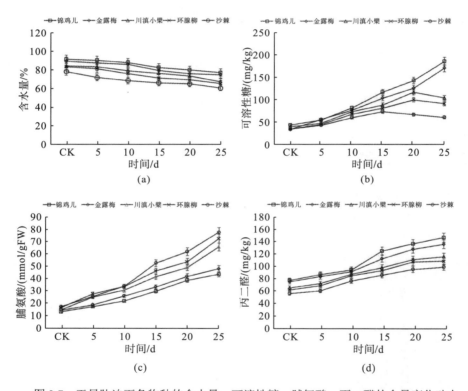

图 3.7   干旱胁迫下各物种的含水量、可溶性糖、脯氨酸、丙二醛的含量变化动态

物种的抗旱能力是一种复合性状，是从植物的形态解剖构造、水分生理生态特征及生理生化反应到细胞、光合器官及原生质结构特点的综合反映（王韶唐，1983）。相对较高的叶片相对含水量可以有效地保持叶绿体的结构和 PSⅡ 功能，使植物进行有效的光合作用（李吉跃，1991）。Marshall 等（2000）研究表明，干旱胁迫下，抗旱性强的树种叶片含水量下降速度往往比抗旱性弱的树种的叶片迟缓，从而能维持植物体生理生化的正常运转。整个胁迫阶段，锦鸡儿的叶片相对含水量降幅最小，说明锦鸡儿叶片保水能力相对于其他四种灌木较强，其对干旱环境的适应能力较强。

2) 干旱胁迫对几种沙生灌木叶片可溶性糖含量的影响

随着时间的推移和干旱胁迫的加剧，锦鸡儿、金露梅叶片的可溶性糖(SS)含量持续上升，而川滇小檗、环腺柳、沙棘则呈现先上升后下降的变化趋势，紫叶小檗、环腺柳于20 d时出现下降拐点，沙棘下降拐点则出现于15 d。干旱胁迫25 d后，各灌木叶片SS含量较CK均有显著提高($P<0.05$)，且锦鸡儿、金露梅SS含量增幅极显著高于川滇小檗、环腺柳、沙棘($P<0.01$)，增幅依次是锦鸡儿(142.02 mg/kg)＞金露梅(137.16 mg/kg)＞川滇小檗(64.09 mg/kg)＞环腺柳(56.13 mg/kg)＞沙棘(25.96 mg/kg) [图3.7(b)]。

川滇小檗、环腺柳和沙棘叶片可溶性糖含量在累积一段时间后开始降低，可能是干旱胁迫导致水分的进一步缺乏，叶片气孔关闭，叶绿体类囊体结构破坏，光合速率显著下降，光合产物合成受阻，因此叶片内可溶性糖的积累趋于减慢和停止。

3) 干旱胁迫对几种沙生灌木叶片游离脯氨酸含量的影响

一些报道表明，植物在干旱条件下Pro大量累积，并通过维持渗透调节，稳定蛋白质，保护细胞膜和胞质酶等在植物抗逆中发挥作用(Demir et al.，2002)，因此作为衡量植物耐旱性的指标。

锦鸡儿、金露梅CK组脯氨酸(Pro)含量显著高于其他物种($P<0.05$)，且沙棘CK组显著小于其他物种CK组($P<0.05$)。干旱胁迫后各物种均随着时间、胁迫程度的加深呈显著上升趋势，胁迫20 d后，川滇小檗、环腺柳、沙棘Pro含量趋于平缓变化，即20 d、25 d之间差异不显著；25 d后，各物种叶片Pro含量依次是锦鸡儿(145.73 mg/kg)＞金露梅(135.08 mg/kg)＞川滇小檗(115.19 mg/kg)＞环腺柳(107.94 mg/kg)＞沙棘(98.47 mg/kg)，锦鸡儿、金露梅Pro含量显著高于其他物种($P<0.05$)。由此说明锦鸡儿、金露梅在利用Pro抵御干旱胁迫方面比其他三个物种更具优势 [图3.7(c)]。

4) 干旱胁迫对几种沙生灌木叶片丙二醛含量的影响

丙二醛(MDA)含量是反映细胞膜脂过氧化作用强弱和质膜破坏程度的重要指标(张斌斌等，2013)。

在整个干旱胁迫的过程中，各组叶片丙二醛含量随时间推移而持续增加，干旱胁迫前5 d锦鸡儿、金露梅、川滇小檗MDA含量变化不显著($P>0.05$)，干旱胁迫25 d后，锦鸡儿、金露梅、川滇小檗、环腺柳、沙棘较CK均呈现显著性差异($P<0.05$)，甚至锦鸡儿、金露梅表现为极显著性差异($P<0.01$)，且分别为CK的3.33倍、3.35倍、4.52倍、4.38倍、4.54倍，此外，多重比较发现锦鸡儿、金露梅MDA含量明显低于其他物种。所以，干旱胁迫下，各灌木叶片MDA含量均随胁迫程度的加剧而逐步增大。由此表明，干旱逆境导致膜脂过氧化水平加重，引起膜结构的损伤，干旱胁迫程度与MDA增加程度呈显著正相关 [图3.7(d)]。

5) 干旱胁迫对几种沙生灌木叶片抗性酶活性的影响

过氧化物酶(POD)和超氧化歧化酶(SOD)等酶类是细胞抵御活性氧伤害的重要保护酶系统，它们在清除超氧自由基、过氧化氢和过氧化物以及阻止或减少羟基自由基形成等方面起着重要作用(陈文佳等，2013)。

锦鸡儿、金露梅 CK 组酶活性均显著高于川滇小檗、环腺柳、沙棘(P<0.05)。随着干旱胁迫时间的延长和程度的加深，各物种叶片超氧化歧化酶(SOD)和过氧化物酶(POD)活性均呈现先上升后下降的趋势，并且均在 15 d 时达到酶活性的峰值，各物种间在此时酶活性差异显著(P<0.05)，锦鸡儿、金露梅较川滇小檗、环腺柳、沙棘差异更为显著(P<0.01)，其顺序为锦鸡儿>金露梅>川滇小檗、环腺柳>沙棘。在干旱胁迫 20 d 后，SOD 和 POD 活性迅速下降，以上结果表明各物种在受到干旱胁迫后，可通过增加 SOD 和 POD 活性来减缓伤害，但随着胁迫程度的进一步加大，则超出了植物生理调节的极限进而出现保护酶活性降低的现象(图 3.8)。

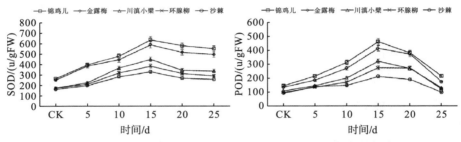

图 3.8 干旱胁迫下各物种的超氧化歧化酶(SOD)和过氧化物酶(POD)动态

6)几种沙生灌木抗旱性的综合评价

植物的抗旱性是一个复杂的综合性状。锦鸡儿与金露梅在干旱胁迫后，抗旱性隶属函数值均持续在一个较高的数值，抗旱性综合评价依次为锦鸡儿>金露梅>川滇小檗、环腺柳>沙棘(表 3.21)。

表 3.21 持续干旱胁迫下各物种隶属函数及抗旱性综合评价

材料	5 d		10 d		15 d		20 d		25 d	
	隶属函数值	抗旱性	隶属函数值	抗旱性	隶属函数值	抗旱性	隶属函数值	抗旱性	隶属函数值	抗旱性
锦鸡儿	0.786	1	0.719	1	0.741	1	0.798	1	0.819	1
金露梅	0.691	2	0.687	2	0.649	2	0.716	2	0.709	2
川滇小檗	0.459	3	0.427	3	0.471	3	0.515	3	0.532	3
环腺柳	0.408	4	0.395	4	0.381	4	0.401	4	0.411	4
沙棘	0.215	5	0.288	5	0.213	5	0.243	5	0.283	5

综上所述，整个胁迫阶段，锦鸡儿的叶片相对含水量降幅最小，反映出锦鸡儿叶片保水能力相对于其他四种灌木较强，对干旱环境的适应能力较强。川滇小檗、环腺柳和沙棘叶片可溶性糖含量在累积一段时间后开始降低，可能是由于干旱胁迫导致水分的进一步缺乏，叶片气孔关闭，叶绿体类囊体结构破坏，光合速率显著下降，光合产物合成受阻，因此叶片内可溶性糖的积累有可能趋于减慢和停止。

川滇小檗、环腺柳和沙棘叶片可溶性糖含量在累积一段时间后开始降低，可能是由于干旱胁迫导致水分的进一步缺乏，叶片气孔关闭，叶绿体类囊体结构破坏，光合速率显著下降，光合产物合成受阻，因此叶片内可溶性糖的积累有可能趋于减慢和停止。

3.2.2　相似高寒沙区引种乔灌木筛选试验

1. 相似高寒沙区灌木种的生长情况

2012 年 8 月上旬对若尔盖县辖曼乡四川省省级治沙基地桑树成活率进行了调查：农桑 14 号成活 1216 株，成活率 81.0%；河南实生桑成活 1278 株，成活率 85.2%；桂优 62 号成活 746 株，成活率 74.6%；沙 2x 伦 109 号成活 753 株，成活率 75.3%。合计成活 3993 株，成活率 79.86%（表 3.22）。

表 3.22　沙化治理基地引进桑树种成活率与高生长情况表

指标	农桑 14 号	河南实生桑	桂优 62 号	沙 2x 伦 109 号
成活率(%)	81.0	85.2	74.6	75.3
平均高生长(cm)	15	13	16	16

尽管栽植当年桑树表现出适应特征，但高寒区引种试验的关键在于越冬后的生长表现。农桑 14 号、桂优 62 号、沙 2x 伦 109 号三个品种的苗干在越冬后全被冻死，但是 6 月上旬开始，这三个品种陆续从桑苗的根颈部即青黄交界处萌发出了新芽，随后成活长成了新梢叶，达到了上述成活率。河南实生桑的抗冻力要强于前三个品种。对冻死的苗干，6 月下旬用桑剪将其全部剪除，以防冻死的苗干继续向根颈部蔓延。

持续观测栽植桑树的生长情况发现，栽植三年以来，桑树的成活率一直保持在 70% 以上，而且每株的叶片数呈每年上升趋势，2012 年栽植第一年平均每株 3 片，2014 年已达平均每株 9 片以上。但目前为止还没有表现出地上部分木质部分的累积生长，估计是由于区域冬天温度过低，加之生长季短、积温低，桑树引种的前几年只能保证地下根系的持续生长，地上生物量不能完成年际积累。下一步监测桑树的生长情况，并开展地下生物量的每年测定，进一步评估桑树引种的成活生长情况，并建议开展实生苗栽植试验，以避免扦插苗过于柔弱影响成活和生长。

2014 年对 2013 年引进的其他四个灌木种的观测结果表明（表 3.23），沙柳和乌柳的扦插繁殖成活率都达到 80% 以上，其中沙柳的平均苗高和地径达 122cm 和 0.8cm，与乡土灌木材料康定柳的生长速度相仿，乌柳生长速度略低，平均苗高和地径为 65cm 和 0.6cm。沙地柏实生苗栽植成活率 36%，表现尚可，平均苗高和地径为 12cm 和 0.3cm。小叶锦鸡儿播种成活率 21%，平均苗高和地径为 18cm 和 0.3cm。四个植物材料目前基本适应若尔盖县的环境条件。

表 3.23　高寒沙区植物引种生长情况统计表

植物种	成活率(%)	平均苗高(cm)	平均地径(cm)
沙柳	87	122	0.8
乌柳	81	65	0.6
沙地柏	36	12	0.3
小叶锦鸡儿	21	18	0.3

2. 相似高寒沙区引种灌木的光合作用特征

1）桑树光合作用特征

从图 3.9 和图 3.10 可知，沙 2x 伦 109 号、河南实生桑和桂优 62 号的最大净光合速率显著高于农桑 14 号，而四个桑树种的最大净光合速率都显著低于康定柳；沙 2x 伦 109 号和河南实生桑的蒸腾速率显著高于农桑 14 号和桂优 62 号，而四个桑树种的蒸腾速率都显著低于康定柳；沙 2x 伦 109 号、农桑 14 号和河南实生桑的水分利用效率与康定柳没有显著差异，桂优 62 号的水分利用效率显著高于其他四个树种。

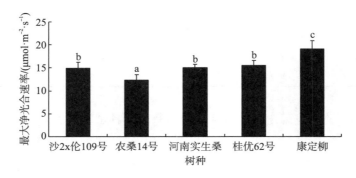

图 3.9　四个桑树种与康定柳的最大净光合速率比较

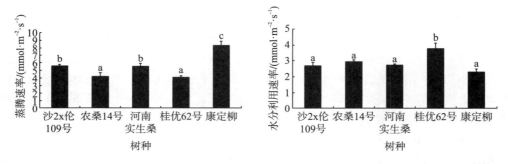

图 3.10　四个桑树种与康定柳蒸腾速率与水分利用速率比较

总的来说，四个桑树种的光合速率低于乡土树种康定柳，且四个桑树种的蒸腾速率同时也低于康定柳，所以引进桑树种的水分利用效率与康定柳没有显著差异，甚至还有一个桑树种的水分利用效率显著高于康定柳，说明从光合特性的角度来看，所引进的四个桑树种可以适应川西北沙化地区的立地环境。

2）其他四种灌木种的光合作用特征

由图 3.11 可知，五种灌木的净光合速率存在明显差异，乌柳的最大净光合速率最高，达 15.8918μmol·m^{-2}·s^{-1}，其次为乡土沙生植物忍冬，两者的最大净光合速率差异不显著；沙柳的最大净光合速率最低，为 7.82076μmol·m^{-2}·s^{-1}，显著低于乡土植物西藏忍冬的最大净光合速率。最大净光合速率的大小也能直接表征植物实际的净光合速率（Long et al.,

1994），所以乌柳的光合能力最强，其次是忍冬和沙地柏。

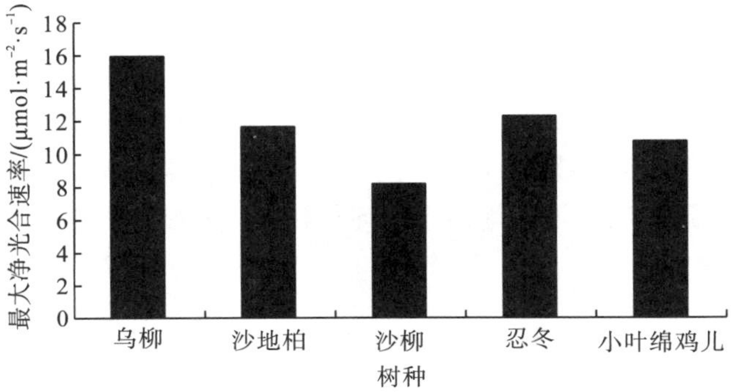

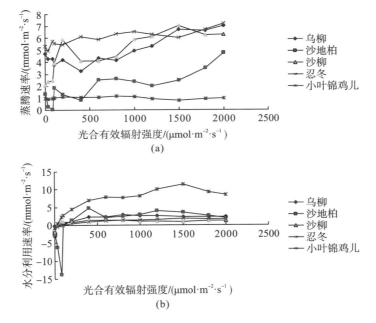

图 3.11   其他四种灌木与忍冬最大净光合速率比较

水分利用效率作为植物气体交换的一个重要指标，表征了植物在等量水分消耗情况下固定 CO_2 的能力，它不仅体现了植物自身光合能力的大小，也能反映植物有效利用水分的能力。很多研究认为，荒漠植物具有较高的水分利用效率（许皓等，2007；Rouhi et al.，2007）。

若尔盖苗圃引种的四种治沙灌木中的乌柳、沙柳与忍冬的蒸腾速率差异不显著，而沙地柏和小叶锦鸡儿的蒸腾速率显著低于忍冬，由于小叶锦鸡儿的净光合速率与忍冬差异不显著，所以其水分利用速率显著高于忍冬，其余三个引进物种与忍冬的水分利用速率差异不显著。说明从光合特性的角度来看，所引进的四个灌木种可以适应川西北沙化地区的立地环境（图 3.12）。

图 3.12   其他四种引种灌木与忍冬蒸腾速率和水分利用速率对光强的响应

3.2.3 川西北高寒沙地治沙乔灌木品种适应性评价

在建立川西北高寒沙地适生植物资源库基础上，通过地理分布范围、生长习性，六个形态指标和九个生理指标的测定筛选出 33 种适宜高寒沙区生长的优良治沙乔灌植物种（表 3.24、表 3.25）。根据筛选出治沙植物的生长特性，提出在极重度沙地和河滩地最好采用柳树、沙地柏等；在重度沙地、中度沙地可采用柳树、金露梅、沙棘、环腺柳、忍冬、绣线菊、鲜卑花等；适宜轻度沙化地治理的树种较多，云杉、康定柳、康定杨、光果西南杨是防风林带的主要树种。

表 3.24　治沙乔灌木在沙地上的适应性评价表

序号	植物材料	枝条萌发能力	根系扩张能力	光利用能力	抗旱能力	综合评价
1	康定柳	强，能够较快地生长	根系深，须根发达，纵向和横向扩张强	强	强	沙地适应能力强
2	环腺柳	强，能够较快地生长	根系深，须根发达，纵向和横向扩张强	强	强	沙地适应能力较强
3	乌柳	强，能够较快地生长	根系深，须根发达，纵向和横向扩张强	强	强	沙地适应能力强
4	沙柳	强，能够较快地生长	根系深，须根发达，纵向和横向扩张强	较强	强	沙地适应能力强
5	光果西南杨	较强	根系深，须根发达，纵向和横向扩张强	较强	较强	沙地适应能力较强
6	康定杨	较强	根系深，须根发达，纵向和横向扩张强	较强	较强	沙地适应能力较强
7	金露梅	强，能够较快地生长	根系较深，须根特发达，横向扩张强	较强	强	沙地适应能强
8	变叶海棠	强，能够较快地生长	根系深，须根发达，纵向和横向扩张强	较强	较强	沙地适应能力较强
9	银露梅	强，能够较快地生长	根系较深，须根特发达，横向扩张强	一般	一般	沙地适应能一般
10	川西锦鸡儿	强，能够较快地生长	根系较深，须根特发达，横向扩张强	较强	强	沙地适应能力强
11	变色锦鸡儿	强，能够较快地生长	根系较深，须根特发达，横向扩张强	较强	较强	沙地适应能力强
12	青甘锦鸡儿	强，能够较快地生长	根系较深，须根特发达，横向扩张强	较强	较强	沙地适应能力强
13	鬼箭锦鸡儿	强，能够较快地生长	根系较深，须根特发达，横向扩张较强	较强	较强	沙地适应能力强
14	小青海锦鸡儿	强，能够较快地生长	根系较深，须根特发达，横向扩张较强	较强	较强	沙地适应能力强
15	小叶锦鸡儿	强，能够较快地生长	根系较深，须根特发达，横向扩张强	较强	较强	沙地适应能力强
16	高山绣线菊	较强	根系较深，须根特发达，横向扩张强	较强	较强	沙地适应能力较强
17	毛叶绣线菊	较强	根系较深，须根特发达，横向扩张强	较强	较强	沙地适应能力较强

序号	植物材料	枝条萌发能力	根系扩张能力	光利用能力	抗旱能力	综合评价
18	窄叶鲜卑花	较强	根系较深，须根特发达，横向扩张较强	较强	较强	沙地适应能力较强
19	平枝栒子	较强	根系深，须根发达，横向扩张强	较强	较强	沙地适应能力较强
20	匍匐栒子	较强，匍生长，枝条在地表扩张很快	根系深，须根发达，横向扩张强	较强	强	沙地适应能力强
21	川滇小檗	较强	根系较深，须根发达，横向扩张强	较强	较强	沙地适应能力强
22	变刺小檗	较强	根系较深，须根发达，横向扩张强	较强	较强	沙地适应能力强
23	大黄檗	较强	根系较深，须根发达，横向扩张强	较强	较强	沙地适应能力较强
24	鲜黄小檗	较强	根系较深，须根发达，横向扩张强	较强	较强	沙地适应能力较强
25	川西云杉	一般	根系深，须根发达，纵向扩张强	较强	较强	沙地适应能力较强
26	大果圆柏	一般	根系深，须根发达，纵向扩张强	较强	较强	沙地适应能力较强
27	西藏忍冬	较强	根系深，须根发达，纵向扩张强	强	较强	沙地适应能力强
28	刚毛忍冬	较强	根系深，须根发达，纵向扩张强	强	较强	沙地适应能强
29	红花岩生忍冬	较强	根系深，须根发达，纵向扩张强	强	较强	沙地适应能强
30	肋果沙棘	较强	根系深，须根发达，横向扩张强	强	强	沙地适应能强
31	西藏沙棘	较强	根系深，须根发达，横向扩张强	强	强	沙地适应能强
32	沙地柏	一般	根系深，须根发达，横向扩张强	强	强	沙地适应能强
33	桑	一般	根系深，须根发达，横向和纵向扩张强	较强	一般	沙地适应能力一般

表 3.25　川西北高寒沙区适生的乔灌木品种

序号	种名	拉丁名	适宜区域	适宜沙化类型	繁育及栽植方式
1	康定柳	*Salix paraplesia* Schneid.	山原立地类型小区、高原东西部立地类型小区	轻度、中度、重度、极重度	扦插繁殖，植苗造林
2	环腺柳	*Salix oritrepha* Schneid.	高原西部立地类型小区、山原立地类型小区	轻度、中度、重度、极重度	扦插繁殖，植苗造林
3	乌柳	*Salix cheilophila* Schneid.	山原立地类型小区、高原东西部立地类型小区	中度、重度、极重度	扦插繁殖，植苗造林
4	沙柳	*Salix psammophila* C. Wang et Ch. Y. Yang	山原立地类型小区、高原东西部立地类型小区	中度、重度、极重度	扦插繁殖，植苗造林
5	光果西南杨	*Populus schneiderivar.* tibetica	山原立地类型小区、高原西部立地类型小区	轻度、中度	扦插繁殖，植苗造林

序号	种名	拉丁名	适宜区域	适宜沙化类型	繁育及栽植方式
6	康定杨	*Populus kangdingensis* C. Wang et Tung	山原立地类型小区、高原东西部立地类型小区	轻度、中度	扦插繁殖，植苗造林
7	金露梅	*Potentilla fruticosa* L.	山原立地类型小区、高原东西部立地类型小区	轻度、中度、重度、极重度	播种、扦插繁育，植苗造林
8	变叶海棠	*Malus toringoides* (Rehd.) Hughes	山原立地类型小区、高原东西部立地类型小区	轻度、中度、重度	播种、扦插繁育，植苗造林
9	银露梅	*Potentilla glabra* Lodd.	高原西部立地类型小区、山原立地类型小区	轻度、中度	播种、扦插繁育，植苗造林
10	川西锦鸡儿	*Caragana erinacea* Kom.	高原西部立地类型小区、山原立地类型小区	轻度、中度	播种、扦插繁育，播种造林
11	变色锦鸡儿	*Caragana versicolor* Benth.	高原西部立地类型小区、山原立地类型小区	轻度、中度	播种、扦插繁育，播种造林
12	青甘锦鸡儿	*Caragana tangutica* Maxim ex Kom.	高原西部立地类型小区、山原立地类型小区	轻度、中度	播种、扦插繁育，播种造林
13	鬼箭锦鸡儿	*Caragana jubata* (Pall.) Poir.	高原西部立地类型小区、山原立地类型小区	轻度、中度	播种、扦插繁育，播种造林
14	小青海锦鸡儿	*Caragana chinghaiensis* Liou f.	高原西部立地类型小区、山原立地类型小区	轻度、中度	播种、扦插繁育，播种造林
15	小叶锦鸡儿	*Caragana microphylla* Lam.	山原立地类型小区、高原东西部立地类型小区	轻度、中度、重度	播种、扦插繁育，播种造林
16	高山绣线菊	*Spiraea alpina* Pall.	山原立地类型小区、高原东西部立地类型小区	轻度、中度、重度	播种繁育，播种造林
17	毛叶绣线菊	*Spiraea mollifolia* Rehd	山原立地类型小区、高原东西部立地类型小区	轻度、中度、重度	播种繁育，播种造林
18	窄叶鲜卑花	*Sibiraea angustata* (Rehd.) Hand.	山原立地类型小区、高原东西部立地类型小区	轻度、中度	播种繁育，播种造林
19	平枝栒子	*Cotoneaster horizontalis* Decne	山原立地类型小区、高原东西部立地类型小区	轻度、中度、重度	播种繁育，播种造林
20	匍匐栒子	*Cotoneaster adpressus* Bois	山原立地类型小区、高原东西部立地类型小区	中度、重度、极重度	播种繁育，播种造林
21	川滇小檗	*Berberis jamesiana* Forrest et W. W. Smith	山原立地类型小区、高原东西部立地类型小区	轻度、中度、重度	扦插繁育，植苗造林
22	变刺小檗	*Berberis mouilicana* Schneid.	山原立地类型小区、高原东西部立地类型小区	轻度、中度、重度	扦插繁育，植苗造林
23	大黄檗	*Berberis francisci-ferdinandi* Schneid.	山原立地类型小区、高原东西部立地类型小区	轻度、中度、重度	扦插繁育，植苗造林
24	鲜黄小檗	*Berberis diaphana* Maxin.	山原立地类型小区、高原东西部立地类型小区	轻度、中度、重度	扦插繁育，植苗造林
25	川西云杉	*Picea likiangensis* var. *balfouriana* (Rehd. et Wils.) Hillier ex Slsvin	山原立地类型小区、高原东西部立地类型小区	轻度、中度	播种、扦插繁育，植苗造林
26	大果圆柏	*Sabina tibetica* Kom.	高原西部立地类型小区、山原立地类型小区	轻度、中度	播种、扦插繁育，植苗造林
27	西藏忍冬	*Lonicera rupicola* Hook. f. et Thoms.	山原立地类型小区、高原东西部立地类型小区	轻度、中度、重度、极重度	播种、扦插繁育，植苗造林

序号	种名	拉丁名	适宜区域	适宜沙化类型	繁育及栽植方式
28	刚毛忍冬	*Lonicera hispida* Pall. ex Roem. et Schult.	山原立地类型小区、高原东西部立地类型小区	轻度、中度	播种、扦插繁育，植苗造林
29	红花岩生忍冬	*Lonicera rupicola* Hook. f. et Thoms. var. *syringantha* (Maxim.) Zabel	山原立地类型小区、高原东西部立地类型小区	轻度、中度	播种、扦插繁育，植苗造林
30	肋果沙棘	*Hippophae neurocarpa* S. W. Liu et T. N. He	山原立地类型小区、高原东西部立地类型小区	轻度、中度	播种、扦插繁育，播种、植苗造林
31	西藏沙棘	*Hippophae thibetana* Schlechtend.	山原立地类型小区、高原东西部立地类型小区	轻度、中度、重度	播种、扦插繁育，播种、植苗造林
32	沙地柏	*Sabina vulgaris* Ant.	山原立地类型小区、高原东西部立地类型小区	中度、重度、极重度	扦插繁育，植苗造林
33	桑	*Morus alba* L.	山原立地类型小区、高原东部立地类型小区	轻度、中度	扦插繁育，植苗造林

3.2.4　川西北高寒沙地治沙林木新品种选育研究

林木良种是提高林业生产力的保证，是实现林业可持续发展的物质基础，林木良种的选育与使用推广对植被恢复有重要意义。川西北高寒区治沙植物材料极少，所以对良种的选育研究更为重要。研究组从筛选出的 33 种优良治沙乔灌木植物中，进一步开展了康定柳、金露梅、光果西南杨、变叶海棠等治沙植物新品种的选育研究，通过测定形态指标等选出性状表现好的亲本，再经过一系列试验选育出生长速度快、造林存活率高、沙地抗逆性强等具有优良性状的新品种，为沙地的治理提供更多更好的植物材料。

1. 试验材料

（1）"若柳 1 号"与"若柳 4 号"优良康定柳品种来源于若尔盖综合林场杨优沟的康定柳采穗（采条）基地，地理坐标东经 103°13′25″、北纬 33°32′55″，该基地规模 60 亩，2004 年初步选育时林龄 10 年，分为四个群体（康定柳 1 号、康定柳 2 号、康定柳 3 号、康定柳 4 号），规模各 15 亩。

（2）"若梅 1 号"优良金露梅品种亲本来源于若尔盖辖曼牧场的采穗（采条）基地，地理坐标为东经 102°31′07″、北纬 33°34′00″，该基地规模 30 亩，分为三个群体（若梅 1 号、若梅 2 号、若梅 3 号），规模各 10 亩，皆为天然灌丛。

（3）"稻杨 1 号"优良无性系来源于稻城县金珠镇龙古村，地理坐标东经 100°17′59″、北纬 29°03′22″，2006 年从稻城县境内评选出 35 株优树。

（4）"白哇多"的亲本来源于炉霍县的野生俄色树——变叶海棠。

（5）"俄色茶 7 号"来源于炉霍县新都镇益娘村，编号为"BLH007"的野生变叶海棠优良单株的扦插苗。

2. 选育方法

1）"若柳 1 号"与"若柳 4 号"

从选出的四个康定柳群体中按选优标准进行优良品种的综合评价和选择。通过大量的文献收集、前期调查和比较分析,确定选取四个指标作为康定柳优良品种主要的选优标准。

(1)采穗(条)后康定柳柳条的萌发情况。试验点位于若尔盖综合林场杨优沟的康定柳采穗(条)基地(东经 103°13′25″、北纬 33°32′55″),观察采条后康定柳柳条的萌芽情况。

(2)康定柳扦插成活情况。试验点位于若尔盖林业局苗圃(东经 103°57′16″、北纬 33°34′52″),统计扦插苗的成活率、苗高、地径等生长指标。

(3)康定柳沙地造林后的成活及保存情况。试验点位于若尔盖辖曼乡文戈村(东经 102°29′6″、北纬 33°43′16″),在造林地内设置 5m×5m 的典型样方统计康定柳的造林保存率、株高、冠幅等生长指标。

(4)康定柳沙障的柳条和柳桩在沙地上萌发情况。试验点位于若尔盖阿西乡阿西村(东经 102°56′16″、北纬 33°40′46″),于 2006 年用采自若尔盖综合林场杨优沟康定柳采条基地的康定柳柳条和柳桩设置康定柳生物沙障,2013 年统计柳条及柳庄的萌发率。

2)"稻杨 1 号"

首先选出 40 多株生长状况好的优树,然后对所选优树的数量指标、形质指标及育苗后的生长情况进行综合分析,优选指标如表 3.26 所示。

表 3.26　优树选择指标

优选指标	具体要求
生长指标	胸径年平均生长量 1.1cm 以上,树高年平均生长量 0.8m 以上
冠形与冠幅	选择窄冠或塔形为好,适宜于密植,可用于速丰林、防护林
形质指标	干形圆满通直,尖削度小,主干无双头,主梢生长旺盛
树梢特征	以选择无枯梢为宜
树皮特征	以皮薄,纵裂短,裂度浅,光滑为好
年龄	入选优树年龄以 10～25 年为宜
抗性	对病虫害、干旱、霜冻等因子的抵抗能力

尽可能在天然林分中选择优树,因为天然林分个体分异较大,而无性系林分个体分化不明显,按照以上七条主要选优标准进行综合考虑,凡符合六条标准的确定为优树。然后在稻城全县范围内开展优树选优工作,预选出 35 株优树,于 2008 年进行扦插繁殖,共35 个无性系,生长季节结束后,以苗高和地径并辅以干形为选取指标,从中选取 16 个无性系,将选取的 16 个无性系作为研究材料,2009 年试验采用随机区组设计,分别在稻城县桑堆乡、金珠镇、龙古村龙古苗圃设计三个区组进行栽培,株行距 30cm×30cm,常规管理,试验进行连续观测评定。

3)变叶海棠"白哇多"与"俄色茶 7 号"

(1)野生变叶海棠资源调查。变叶海棠在以前都是野生状态,从 2000 年起,项目组便对炉霍县的野生变叶海棠的分布、资源量、生长特性、生态学特性等方面进行详细调查。

(2)优良单株选择。以治沙的育种目标,从野生原始群体中筛选出若干符合标准要求的优良单株,并标记编号;对其进行为期两年的定点系统观测,观测树型、抗逆能力、单株产量等；根据观察记载资料综合分析结果，决定取舍（即复选），最后确定"白哇多"优良单株 45 株，"俄色茶 7 号"优良单株 57 株。

（3）混合播种。收集各优良单株的果实，将其种子混合作为实生繁殖的材料。混合种子育苗试验选择在炉霍县中心苗圃内，繁殖一定数量的苗木，观测混合种子的育苗表现，供品系比较试验用。

（4）品系比较试验。优良单株混合留种繁殖后代称为品系。同一时间在混合种子播种区和相邻地，播种当地优良树种——湖北海棠作为对照，将混合种苗的生长表现对照原始植株进行生长速度、抗逆性测试，比较其对沙地的适应能力。

（5）区域试验。选取炉霍变叶海棠优树混合种苗为参试品种，以湖北海棠 *Malus hupehensis*(Pamp.) Rehd.的种苗为对照，并与野生变叶海棠原生植株进行比较。按照统一规范要求，将新育成的变叶海棠种苗在不同立地条件下进行造林对比试验，观测其生长表现，对其适应性、抗逆性和丰产性进行全面鉴定，根据品种在区域试验中的表现，结合抗逆性鉴定，对品种进行综合评价。

3. "若柳 1 号"与"若柳 4 号"选育结果与分析

1）采穗（条）后康定柳柳条的萌发情况

在康定柳采穗基地选取普通康定柳和新品种亲本标准地三块（皆为 2003 年的康定柳采条地），2011 年在每块标准地中各选取康定柳灌丛 30 丛进行调查，结果表明（表 3.27），若柳 1 号和若柳 4 号的灌丛高和每丛株数均显著高于普通康定柳品种，灌丛冠幅三个品种间没有显著差异，但大部分若柳 1 号和若柳 4 号品种要大于普通品种。说明若柳 1 号和若柳 4 号采条后柳条的萌发性显著强于普通康定柳。

表 3.27　采穗（条）基地不同康定柳品种灌丛特性

康定柳品种	灌丛高(m)	灌丛冠幅(m)	每丛株数
其他康定柳	2.2±0.7a	3.7±0.7×3.3±0.6a	18±7a
若柳 1 号	3.5±0.5b	4.6±0.8×4±0.5a	31±6b
若柳 4 号	4.0±0.5b	4.5±0.7×3.8±0.5a	33±7b

注：表格内数据为 30 丛康定柳灌丛的平均值及其标准差，同列不同字母表示差异显著(P<0.05)，后同。

2）康定柳扦插成活情况

1996～2010 年，在若尔盖县苗圃连续进行康定柳的扦插育苗试验，先后培育苗木 300 多万株，多年的试验数据表明，若柳 4 号插条的生根率平均为 96%，显著高于普通康定柳品种的 83%。若柳 4 号当年扦插苗地径平均为 0.6cm，苗高 60cm，第二年生扦插苗地径为 0.8cm，苗高达 160cm；普通康定柳品种当年扦插苗地径平均 0.4cm，苗高 40cm，第二年生扦插苗地径为 0.6cm 以上，苗高达 120cm。若柳 4 号的扦插成活率和年生长量都显著高于普通康定柳品种。

3）康定柳沙障的柳条和柳桩在沙地上萌发情况

试验点位于若尔盖县阿西乡阿西村的流动沙地，该样地于 2006 年设置康定柳生物沙障后进行了康定柳栽植和牧草种撒播。2013 年对若柳 1 号和其他康定柳品种设置的康定柳沙障萌发情况进行了调查，结果表明若柳 1 号的沙障萌发率平均为 167 株/亩，比其他康定柳品种（74 株/亩）高 125.6%，因此若柳 1 号沙障在沙地的萌发情况显著优于其他康定柳品种。

4）康定柳沙地造林后的成活及保存情况

试验点位于若尔盖县辖曼乡文戈村的流动沙地，选取普通康定柳和若柳 4 号灌丛各 30 丛（皆为 1996 年栽植），2012 年对其进行调查，如表 3.28 所示，若柳 4 号保存率达 83%，显著高于普通品种 61%；而且普通康定柳品种都表现为小灌丛，灌丛高、冠幅、每丛株数平均分别为 1.2m、1.1m×0.9m、18 株，若柳 4 号都已经成长为大灌丛，灌丛高平均达 4.1m，冠幅达 3.8m×3.4m，每丛株数达 35 株，灌丛高和每丛株数分别比普通康定柳品种高 241.7%、94.4%，故若柳 4 号在沙地上造林的存活率和生长情况均显著优于普通康定柳品种。

表 3.28　沙地造林后不同康定柳品种灌丛特性

康定柳品种	保存率(%)	灌丛高(m)	灌丛冠幅(m)	每丛株数
其他康定柳	61	1.2±0.5a	1.1±0.5×0.9±0.4a	18±7a
若柳 4 号	83	4.1±0.6b	3.8±0.8×3.4±0.6b	35±6b

综上所述，若柳 1 号从采穗（条）后柳条的萌发情况、沙地造林后的成活及保存生长情况、沙障柳条和柳桩在沙地上萌发情况等各方面指标均显著优于其他康定柳品种，故选择其为康定柳优良品种；若柳 4 号从采穗（条）后柳条的萌发情况、扦插成活及生长情况、沙地造林后的成活及保存生长情况等各方面指标均显著优于其他康定柳品种，故选择其为康定柳优良品种。

4. "稻杨 1 号"选育结果与分析

1）优树选择结果

稻城全县范围内开展优树选优工作，预选出 35 株优树，具体优树信息见表 3.29。

表 3.29　入选 35 株优树调查表

序号	优树编号	年龄	胸径(cm)	树高(m)	地点	海拔(m)
1	LG -01	25	28.52	16.5	龙古苗圃	3728
2	LG -02	25	28.33	16.0	龙古苗圃	3728
3	LG -03	25	28.57	17.7	龙古苗圃	3728
4	LG -04	32	33.39	19.8	龙古苗圃	3728
5	LG -05	28	29.63	20.0	龙古苗圃	3728

序号	优树编号	年龄	胸径(cm)	树高(m)	地点	海拔(m)
6	LG-06	25	27.91	16.2	龙古苗圃	3728
7	GY-07	30	36.60	23.3	桑堆乡	3750
8	GY-08	30	35.10	24.3	桑堆乡	3750
9	GY-09	17	27.10	13.5	桑堆乡	3750
10	GY-10	17	26.90	14.6	桑堆乡	3750
11	GY-11	21	28.00	19.4	桑堆乡	3750
12	GY-12	23	29.70	20.6	桑堆乡	3750
13	GY-13	26	29.60	18.9	俄洛乡	3780
14	GY-14	26	27.80	17.8	俄洛乡	3780
15	GY-15	26	28.30	18.0	俄洛乡	3780
16	GY-16	26	27.90	19.6	俄洛乡	3780
17	GY-17	26	28.80	19.8	俄洛乡	3780
18	GY-18	26	27.90	18.6	俄洛乡	3780
19	GY-19	28	30.20	21.5	仲麦乡	3740
20	GY-20	28	29.50	19.8	仲麦乡	3740
21	GY-21	28	29.90	19.6	仲麦乡	3740
22	GY-22	28	28.50	18.8	仲麦乡	3740
23	GY-23	28	28.80	19.6	仲麦乡	3740
24	GY-24	28	29.30	19.0	仲麦乡	3740
25	GY-25	30	28.90	20.5	金珠镇	3740
26	GY-26	30	32.10	19.9	金珠镇	3740
27	GY-27	30	29.90	19.6	金珠镇	3740
28	GY-28	30	31.20	20.3	金珠镇	3740
29	GY-29	30	29.90	19.9	金珠镇	3740
30	GY-30	26	27.80	19.3	民主乡	3780
31	GY-31	26	27.30	19.0	民主乡	3780
32	GY-32	26	28.90	19.5	民主乡	3780
33	GY-33	26	26.10	17.8	民主乡	3780
34	GY-34	26	27.90	19.5	民主乡	3780
35	GY-35	26	28.20	18.3	民主乡	3780

2) 无性系苗期生长差异分析

(1) 苗期生长节律。2009 年，在稻城县龙古苗圃继续开展光果西南杨扦插，观测光果西南杨年生长节律，4 月底扦插，6 月选择生长正常的 30 个单株，每隔 10 天左右定株观测苗高、地径。观测结果如表 3.30 所示。可以看出，光果西南杨苗高和地径生长节律明显：截至 8 月 25 日调查时，平均苗高为 242cm，地径为 1.62cm。以 30 个单株的旬生长量分别绘制苗高、地径生长曲线。由图 3.13 可以看出，6 月 6 日～8 月 15 日生长一直都比较快，8月15日以后苗高生长基本停止；6月20日～7月24日生长最快，苗期高生长量出现在这段时间内，表明7月份是光果西南杨苗高生长最快的季节，8月以后生长速度逐渐放慢，甚至停滞。由此可知，地径生长的规律基本类似苗高生长规律，到了8月以后地径逐渐停止生长；同苗高生长规律不同的是，地径生长量高峰出现在6月，表明6月是光果西南杨地径生长的最快季节。综上，6～7月是光果西南杨生长旺季，这段时期肥水管理特别重要。

表 3.30　光果西南杨苗高、地径生长节律观测　　　　　　（单位：cm）

株号	6月6日		6月17日		6月26日		7月11日		7月24日		8月4日		8月15日		8月25日	
	苗高	地径	苗高	地径	苗高	地径	苗高	地径	苗高	地径	苗高	地径	苗高	地径	苗高	地径
1	21.5	0.25	35.0	0.30	50.0	0.35	69.0	0.45	83.0	0.50	90.0	0.55	105.0	0.65	105.0	0.65
2	17.5	0.20	27.0	0.20	37.5	0.25	60.0	0.35	62.5	0.40	67.5	0.40	68.5	0.50	68.5	0.50
3	34.5	0.30	52.5	0.30	70.0	0.45	90.5	0.55	105.0	0.55	110.0	0.70	125.0	0.70	130.0	0.80
4	25.3	0.32	35.5	0.35	49.5	0.40	75.0	0.45	90.5	0.55	104.0	0.70	116.0	0.75	120.0	0.75
5	32.1	0.35	48.0	0.45	62.5	0.55	86.5	0.60	107.5	0.60	120.0	0.70	135.0	0.90	137.5	0.90
6	25.0	0.31	40.0	0.35	47.0	0.45	70.5	0.55	90.0	0.60	102.5	0.60	115.0	0.75	120.0	0.80
7	38.5	0.35	55.0	0.40	69.5	0.55	95.0	0.70	110.0	0.75	125.0	0.85	150.0	0.85	155.0	1.00
8	30.0	0.33	46.0	0.40	59.5	0.45	84.0	0.50	99.5	0.65	105.0	0.65	115.0	0.80	125.0	0.80
9	26.5	0.25	37.5	0.30	48.0	0.35	69.0	0.45	75.0	0.45	75.0	0.45	75.0	0.55	80.0	0.55
10	22.5	0.26	44.0	0.35	52.5	0.40	75.0	0.55	92.5	0.60	105.0	0.60	130.0	0.85	130.0	0.85
11	27.5	0.30	41.5	0.35	56.0	0.40	77.0	0.55	95.0	0.55	105.0	0.60	114.5	0.75	115.0	0.75
12	36.5	0.35	46.0	0.45	57.5	0.50	82.5	0.65	100.0	0.60	105.0	0.70	125.5	0.80	130.0	0.85
13	28.2	0.30	48.0	0.30	50.0	0.55	70.0	0.55	86.0	0.55	97.5	0.60	110.0	0.60	110.0	0.65
14	23.5	0.20	35.5	0.30	50.0	0.35	70.5	0.55	87.5	0.55	95.0	0.50	105.0	0.60	105.0	0.60
15	19.0	0.25	35.0	0.25	49.0	0.35	60.0	0.55	76.5	0.55	87.5	0.60	105.0	0.70	105.0	0.70
16	21.5	0.30	37.5	0.30	48.5	0.40	80.0	0.65	100.0	0.65	110.0	0.75	130.0	0.90	130.0	0.90
17	25.0	0.31	39.5	0.35	54.5	0.40	80.0	0.55	92.5	0.60	100.0	0.60	109.5	0.70	110.0	0.75
18	28.0	0.30	41.0	0.35	55.0	0.45	76.0	0.55	93.5	0.55	105.0	0.65	125.0	0.80	125.0	0.80
19	23.0	0.25	45.0	0.30	54.5	0.40	84.0	0.60	100.0	0.65	120.0	0.80	145.0	1.05	150.0	1.05
20	34.0	0.35	48.5	0.40	65.5	0.50	90.0	0.70	110.0	0.75	125.0	0.85	148.5	1.05	150.0	1.05
21	20.5	0.25	32.5	0.30	47.0	0.40	67.5	0.50	82.5	0.50	95.0	0.60	112.5	0.70	115.0	0.75
22	31.5	0.30	47.5	0.35	63.5	0.50	90.0	0.65	105.0	0.75	125.0	0.90	150.0	1.15	155.0	1.15
23	28.0	0.35	48.5	0.40	60.0	0.55	85.0	0.60	105.0	0.70	122.5	0.75	139.5	0.95	140.0	1.00
24	34.5	0.25	41.0	0.30	55.0	0.45	71.5	0.50	87.0	0.55	100.0	0.80	120.0	0.80	120.0	0.80
25	26.5	0.30	36.0	0.40	45.0	0.45	67.0	0.45	79.5	0.50	90.0	0.55	105.0	0.70	105.0	0.70
26	25.5	0.35	31.5	0.35	40.0	0.35	59.5	0.40	65.0	0.40	67.5	0.45	67.5	0.55	70.0	0.55
27	22.0	0.20	33.5	0.25	42.5	0.40	65.0	0.45	75.0	0.45	81.0	0.55	90.0	0.60	90.0	0.60
28	34.5	0.34	48.5	0.40	62.5	0.55	90.0	0.65	110.0	0.70	120.0	0.80	140.0	0.95	140.0	0.95
29	33.5	0.33	42.5	0.40	55.0	0.50	81.0	0.60	100.0	0.70	112.5	0.75	150.0	1.00	150.0	1.05
30	35.0	0.32	51.5	0.45	68.0	0.55	94.0	0.65	115.0	0.70	125.0	0.80	147.5	1.00	147.5	1.05
均值	27.7	0.29	41.7	0.35	54.2	0.44	77.2	0.55	92.7	0.59	103.1	0.66	119.2	0.79	121.1	0.81

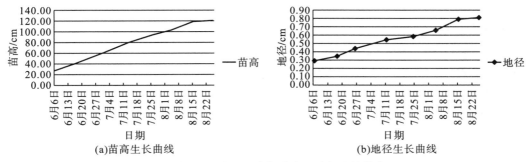

图 3.13　光果西南杨苗高、地径生长曲线

(2) 苗高和地径综合评价。苗高和地径综合评价采用布雷金多性状综合评定法, 公式为

$$Q_i = \sqrt{\sum_{j=1}^{n} a_i}, \quad a_i = \frac{X_{ij}}{X_{j\max}} \tag{3.1}$$

式中, Q_i 为综合评价值; X_{ij} 为某一性状平均值; $X_{j\max}$ 为某一性状最优值。

根据表 3.31 试验结果可以看出, 32、25 和 17 是苗期综合性状表现较好的无性系, 其生长量大, 干形好。同时, 用布雷金多性状综合评价法选出六个生长性状达到优的无性系, 为 32>25>17>6>21>9。综合评价入选的无性系, 初步选取 32 和 25 作为主要培育对象。经综合评价, 无性系 32 在苗期表现优异, 可作为主要培育目标。

表 3.31　优树无性系扦插苗生长性状差异

无性系	苗高(m)			地径(cm)			综合评价评价值 Q_i
	均值	标准差	变异系数	均值	标准差	变异系数	
11	0.53	0.825	0.166	0.50	0.715	0.183	1.136
16	0.50	0.798	0.162	0.49	0.713	0.186	1.127
19	0.49	0.792	0.172	0.48	0.712	0.175	1.118
32	0.65	0.915	0.201	0.57	0.792	0.211	1.239
18	0.52	0.810	0.158	0.48	0.702	0.173	1.133
21	0.59	0.879	0.190	0.51	0.733	0.189	1.175
22	0.47	0.788	0.165	0.47	0.708	0.170	1.116
25	0.63	0.903	0.198	0.56	0.787	0.206	1.231
9	0.50	0.807	0.172	0.49	0.725	0.182	1.158
17	0.63	0.903	0.198	0.53	0.780	0.196	1.211
29	0.48	0.792	0.170	0.47	0.708	0.170	1.113
6	0.61	0.896	0.191	0.52	0.758	0.192	1.201
28	0.46	0.730	0.148	0.48	0.710	0.179	1.119
26	0.55	0.866	0.176	0.50	0.720	0.190	1.138
35	0.49	0.792	0.172	0.48	0.712	0.175	1.118
29	0.57	0.873	0.188	0.53	0.760	0.196	1.158
平均值	0.54			0.50			1.156

3）规模化繁育试验调查

表 3.32 为稻城县金珠镇 2009 年营造的光果西南杨林分。该林分五年生胸径平均值 5.35cm，树高平均值 5.79m，胸径年生长量 1.07cm，树高年生长量 1.14m。由于某些原因，该林分当时没有施底肥，造林后也没有进行相应的抚育管理。但光果西南杨在稻城也表现出较快的生长。试验地光果西南杨各龄幼树林木生长迅速，五年中年均高生长可达 0.7～1.0m，年均径生长可达 1.0～1.2cm，郁闭度可达 0.3 以上，说明该树种是高海拔宽谷区造林的理想树种。

表 3.32　稻城金珠镇西南光果杨生长调查表

株号	胸径（cm）	树高（m）	树干通直度
1	5.7	5.8	通直
2	5.5	5.6	通直
3	5.8	6.5	通直
4	6.0	6.2	通直
5	5.5	6.6	通直
6	5.8	5.2	通直
7	4.2	5.5	较通直
8	5.7	5.6	较通直
9	5.7	6.5	通直
10	4.3	5.3	通直
11	5.8	5.6	通直
12	6.2	5.6	较通直
13	5.8	4.9	较通直
14	5.3	5.6	通直
15	4.8	5.7	通直
16	5.0	5.6	通直
17	4.7	5.9	弯曲
18	5.4	6.0	通直
19	6.1	6.2	较通直
20	5.2	5.6	通直
21	5.5	6.9	通直
22	5.2	5.2	通直
23	5.2	5.3	通直
24	4.8	5.6	通直
25	5.3	6.5	通直
26	5.1	5.7	较通直
27	6.2	6.5	通直
28	5.2	5.3	较通直
29	5.0	5.2	通直
30	4.7	5.9	较通直
平均值	5.35	5.79	

表 3.33 为稻城县俄洛乡 2009 年营造的光果西南杨林分。该林分五年生胸径平均值
5.22cm，树高平均值 5.56m，胸径年生长量 1.04cm，树高年生长量 1.11m。由于某些原因，
该林分当时没有施底肥，造林后也没有进行相应的抚育管理。但光果西南杨在稻城也表现
出较快的生长。

表 3.33　光果西南杨生长调查表

株号	胸径(cm)	树高(m)	树干通直度
1	5.2	5.9	通直
2	5.7	5.3	较通直
3	5.0	5.9	较通直
4	5.4	4.8	通直
5	5.8	5.0	通直
6	5.2	5.4	通直
7	5.4	5.4	通直
8	5.0	6.2	通直
9	5.2	5.4	通直
10	5.4	5.5	通直
11	6.0	5.5	通直
12	5.4	6.0	通直
13	5.2	5.9	较通直
14	4.4	5.7	通直
15	5.2	5.5	通直
16	5.4	5.2	较通直
17	5.2	5.9	通直
18	4.9	5.8	通直
19	5.5	5.7	通直
20	5.6	5.0	较通直
21	6.0	5.7	通直
22	5.4	5.4	通直
23	5.2	5.7	通直
24	5.0	5.5	通直
25	4.6	6.1	较通直
26	4.5	5.3	通直
27	5.0	5.4	通直
28	4.4	5.5	通直
29	5.4	5.7	较通直
30	5.0	5.4	通直
平均值	5.22	5.56	

通过 2012 年、2013 年、2014 年综合调查，进行严密统计分析，从综合评价选择出"32号"为光果西南杨优良无性系。筛选的优良无性系具有稳定性高、生长速度快等特点。

5. 变叶海棠"白哇多"选育结果与分析

1）变叶海棠播种苗生长特性

经过一个生长期的观测，种子发芽率为 82%，次年移植大田后苗木保存率为 60%。一年生苗平均高 38.2cm，第二年移床苗平均高为 84.0cm，生长量为 45.8cm。一年生苗平均地径为 0.31cm，第二年移床苗平均地径为 0.77cm，地径生长量为 0.46cm。变叶海棠苗木经过一个生长期的生长，苗木主根长 8～15cm，须根发达，完全可以出圃造林。

2 年生苗木栽植后，同出圃苗木相比较，海棠苗木地径、苗高长势都比较明显（表 3.34），枝条生长量正常，苗木的年生长量逐年增加，苗木长势良好。造林后 1～3 年苗木生长较慢，生长较快的时期是在栽植后第 5～8 年，第 5 年高度近 3 m，因此加强 5～8 年生苗木的肥、水、土壤管理是保证大苗生长的关键。

表 3.34　变叶海棠苗木生长特性

年龄	1a	2a	3a	5a	8a
树高(cm)	98	120	160	290	620
地径(cm)	1.2	1.6	2.4	4.3	7.2
冠幅(cm×cm)	45	62	96	170	260

2）各区试点苗木生长

区试结果表明（表 3.35），造林两年后，炉霍县境内变叶海棠保存率高，达 90%以上；甘孜县和道孚县保存率较低，分别为 80%和 70%，其原因可能在于造林后未进行较好管理。

总的看来，变叶海棠在各区试点的生长表现均良好，均能正常生长，树高、地径、冠幅、发枝数等指标有了明显提高。其中 3 号邓达村的变叶海棠由于管理良好，其生长综合表现最好。

表 3.35　各试验地苗木生长比较

试验地编号及名称	保存率(%)	苗高(cm)	地径(cm)	冠幅(cm)	发枝数(枝)
1. 炉霍县泥巴乡朱巴村	95	140.00a	2.9b	70.00e	7b
2. 炉霍县卡莎湖东	90	79.85e	1.4d	88.20d	6b
3. 炉霍县邓达村	95	79.85e	3.5a	112.85c	10a
4. 公路 290K	95	90.55d	1.9c	97.20d	7b
5. 公路旁	90	113.70b	2.7b	218.05b	8b
6. 公路旁(月亮湾)	95	116.40b	2.5b	274.80a	9a
7. 甘孜县斯俄乡二村	80	68.75f	1.1d	90.05d	4c
8. 道孚县鲜水镇格日村	70	104.45c	2.4b	92.95d	6b

注：字母不同时表示在 0.01 水平上差异显著。

3）各区试点变叶海棠发叶量

调查过程中发现试验地内植株由于栽植时间短，叶量多数较为稀少，大部分无法采集叶子进行分析计算。仅 1 号炉霍县泥巴乡朱巴村、3 号炉霍县邓达村采集到叶子。因此，本结果采取两者环境条件相似的天然多年生植株枝条上采集的叶分析比较单位叶重（干重）。1 号和 3 号的单位叶重分别为 0.075g/cm 和 0.086g/cm；天然多年生植株的单位叶重 0.104g/cm，由此可看出，混合种第二代造林两年后的发叶量与野生植株相差不大，生长表现正常。

4）变叶海棠茶叶品质与营养成分

经化学成分鉴定和药效分析，如表 3.36 所示，变叶海棠叶片的总黄酮含量为 10.71～12.13mg/g。变叶海棠蛋白质含量 25.16%，VC 含量高达 2574.000 mg/kg，叶片中矿质元素和微量元素含量也极为丰富，其 K 和 Ca 含量平均高达 15700.00 mg/kg 和 5774.63 mg/kg。不饱和脂肪酸含量较低。

表 3.36 变叶海棠叶主要营养成分

主要成分	含量	主要成分	含量 (mg/kg)
水浸出物 (%)	35.5	N	40256.00
蛋白质 (%)	25.16	P	6110.00
不溶性膳食纤维 (%)	17.9	K	15700.00
总糖 (%)	24.311	Ca	5774.63
VC (mg/kg)	2574.000	Mg	2133.53
V_{B2} (mg/kg)	7.200	Cu	17.70
VE (ug/g)	83.5	Fe	337.04
豆蔻酸 (%)	0.008	Mn	31.42
棕榈酸 (%)	0.120	Na	120.00
油酸 (%)	0.013	S	1071.14
亚油酸 (%)	0.042	Zn	38.90
亚麻酸 (%)	0.257	Se	0.12
总黄酮 (mg/g)	10.71～12.13		

综上，根据生物学特性和试验结果分析，在甘孜州内不同生态区 8 个区试点的三年的区域试验中，种苗平均保存率达 90%，且生长较好。在海拔 3100～3500m 的高山峡谷、宽谷、沟谷区、河滩、一二级阶地、缓坡、陡坡、阴坡、阳坡上都表现出良好的生态适应性，未出现冻害、抽条、严重病虫害等不适应现象。说明炉霍变叶海棠"白哇多"有着很好的适应性，发芽期在 4 月上旬，一芽三叶的百芽重为 1.6～4.2g，平均发芽密度为 400 个/m²，鲜茶叶单位产量为 15 斤/亩（1 斤=500g）。在良好管理下，栽后第三年即可采叶，第五年便可获得良好收益，以鲜叶市场收购价 90 元/斤计算，每亩变叶海棠年产值为 1350 元。"白哇多"在当地表现出了良好的经济性状和生态适应性，是值得大力推广发展的乡土经济树种。

6. 变叶海棠"俄色茶7号"选育结果与分析

1）生长表现

根据品系比较和区域试验观察，"俄色茶 7 号"在各地生长正常，且较对照"白哇多"表现出了许多优良性状。

如表 3.37 所示，不同植株"俄色茶 7 号"的萌芽期、一芽三叶期及花果期基本一致，出芽整齐，芽在 4 月初开始萌动，春茶采集时间主要集中在 4 月中、下旬。而"白哇多"的芽萌动时间变幅很大，从 3 月下旬至 4 月中旬，采茶期从 4 月初一直延续到 5 月初。

表 3.37　海棠品种物候观测　　　　　　　　（单位：月）

品种	萌芽期	一芽三叶期	始花期	初果期	果熟期
"俄色茶 7 号"扦插苗	4.10～4.50	4.10～4.16	4.29～5.80	6.30～6.10	8.20～9.16
"白哇多"实生苗	3.28～4.13	4.60～4.27	4.25～5.25	6.50～6.12	8.20～9.25

"俄色茶 7 号"植株生长旺盛，树姿直立开张，发枝力和发芽力均强于"白哇多"。如表 3.38 所示，6 年生"俄色茶 7 号"地径达 7.2cm，冠幅达直径 245cm，树势生长旺盛。芽肥大饱满，呈卵形或卵圆形，一芽三叶长为 2.4cm，百芽重 4.71g，发芽密度达 25 个/cm^2。

表 3.38　年生变叶海棠品种生长表现

品种	地径(cm)	冠幅(cm)	一芽三叶长(cm)	发芽密度(个/cm^2)	百芽重(g)
"俄色茶 7 号"扦插苗	7.2	245	2.4	25	4.71
"白哇多"实生苗	5.8	180	1.9	16	4.08

2）芽叶产量

如表 3.39 所示，"俄色茶 7 号"栽植后第三年便可采集芽叶做茶，第五年进入盛产期，单株产叶量达 154g，三年平均产叶量为 162 g/株，亩产 12kg，较对照"白哇多"（亩产 8kg）提高了 4kg，按照每斤鲜茶叶 100 元计，每亩可增加产值 800 元。

表 3.39　变叶海棠芽叶产量

品种	3a(g)	4a(g)	5a(g)	6a(g)	7a(g)	三年平均(g/株)
"俄色茶 7 号"扦插苗	54	131	154	161	170	162
"白哇多"实生苗	58	87	101	107	112	107

3）茶叶品质与营养成分

"俄色茶 7 号"的茶叶外形表现为芽叶细嫩弯曲，色泽嫩绿光润，整碎匀整。茶品质为清香持久，汤色嫩绿，清澈明亮，滋味鲜爽甘醇，叶底嫩绿匀整。经分析测试，"俄色茶 7 号"芽叶含有一种特殊的药用成分——类黄酮，类黄酮对植物本身具有紫外辐射损伤防护、抵抗生物或非生物逆境以及调节植物生长等诸多重要生理功能，对人体具有抗癌功效，其总黄酮含量为 14.11%，是"白哇多"的 1.3 倍。"俄色茶 7 号"在茶叶的主要成分如水浸出物、茶多酚、咖啡碱等含量方面均高于"白哇多"，表明其芽叶的饮用效果更好（表 3.40）。

表 3.40　变叶海棠芽叶主要营养成分（%）

变叶海棠品种	总黄酮	水浸出物	氨基酸	茶多酚	咖啡碱	粗纤维
"俄色茶 7 号"扦插苗	14.11	52.44	9.01	5.28	1.08	6.07
"白哇多"实生苗	10.67	47.08	7.46	4.50	0.96	8.17

综上，"俄色茶 7 号"植株生长旺盛，树姿直立开张，发枝力和发芽力强。芽肥大饱满，一芽三叶长为 2.4cm，百芽重 4.71g，发芽密度达 25 个/cm^2。栽植后第三年便可采集芽叶做茶，第五年进入盛产期，单株产叶量达 150g 以上，三年平均产叶量为 162 g/株，亩产 12kg。芽叶品质好，各种人体所需营养物质含量丰富，芽叶饮用效果好。在不同立地条件均生长正常，未出现冻害、抽条、严重病虫害等不适应现象，表现出了良好的生态适应性和较强的抗性。

3.2.5　小结

本研究选育出了"若柳 1 号""若柳 4 号""稻杨 1 号""白哇多""俄色茶 7 号"等林木良种。选育出的优良康定柳品种扦插成活率高于普通康定柳的 80%以上，若柳 1 号的沙障萌发率比其他康定柳品种高 125.6%，在沙地上的造林后保存率高于普通康定柳的 60%以上。"稻杨 1 号"稳定性高、生长速度快，5 年生胸径平均值 5.35cm，树高平均值 5.79m，胸径年生长量 1.07cm，树高年生长量 1.14m。"白哇多"造林后种苗平均保存率达 90%，且生长较好，产茶量高，明显高于对照。"俄色茶 7 号"在各地生长正常，且较对照表现出了许多优良性状，三年平均产叶量为较对照提高了 4kg/亩，茶叶的主要成分含量均高于对照，总黄酮含量是对照的 1.3 倍。

3.3　川西北高寒沙地治沙草种选育研究

由于川西北高寒沙区特殊的地理和气候条件，适宜种植的牧草品种十分缺乏，能够用于草地沙化治理的优良植物材料更是缺乏，难以满足退牧还草、退化沙化草地治理等重大生态工程建设的需求，对川西北高寒沙区沙化治理工程和生态建设的发展有一定的制约作用。所以对草种的选育研究尤为重要。

本研究主要开展了沙地适生植物资源库中的硬秆仲彬草、老芒麦、垂穗披碱草等牧草的选育研究。主要包括以下几个方面的研究。

1）种质资源收集、整理与评价

（1）资源调查与收集。有针对性地收集川西北高原及类似地区在沙地中生长良好的灌、草植物材料，优先收集能够产生种子的植物，未采集到种子的进行活体整株移植保存。

（2）农艺性状研究。重点对物候期、开花习性、产草量、结实性、茎叶比、营养成分（粗蛋白、酸性洗涤纤维、中性洗涤纤维)等进行测试和比较。

(3)抗旱性研究。采用大田试验和室内生理指标测定相结合的研究方法,全面评价牧草种质资源抗旱能力,并利用灰色关联法和隶属函数法进行归类排序,从中筛选优良牧草种质,为抗旱牧草新品种选育提供基础材料。

(4)遗传多样性研究。从表型-染色体-分子生物学三个层次出发,较全面地评价了仲彬草属种质资源。开展核型分析、RAPD 分子标记技术分子遗传多样性研究,调查供试种质的分子遗传多样性及遗传距离,了解川西北野生牧草种群的遗传分化,并据此对资源保护和收集提供合理建议。

2)新品种选育

依据选育材料的特性和繁育方式,采用改良混合选择法进行新品种选育。

通过研究,选育出耐风蚀,耐沙埋,抗寒、抗旱、耐瘠能力强,遗传性状稳定,利用期长的多年生生活型牧草品种。实施牧草种子产业化,提高草地生产力,为川西北高寒沙化地的治理提供足够的优良治沙草种。

3.3.1 种质资源收集、整理与评价

1. 资源收集与保存

研究组广泛调查、收集川西北高原、周边地区及国内类似区域的优良固沙植物种质资源,同时从国外引种优良固沙牧草种质资源,收集了 13 个属,809 份材料,详见表 3.41。重点调查、掌握了川西北高原野生硬秆仲彬草分布范围和生境条件,这些资源为本地优异种质资源的保护、利用与新品种的选育提供了宝贵的物质基础。

表 3.41 收集保存的种质资源

属	份数	来源
仲彬草属	615	川西北高原、西藏、青海、甘肃、内蒙古、新疆等省区及北美国家
披碱草属	127	川西北高原、西藏、青海、甘肃、内蒙古、新疆等省区及北美地区
冰草属	16	内蒙古及美国、加拿大等北美地区
鹅冠草属	5	川西北高原、西藏、青海、甘肃等省区
早熟禾属	27	川西北高原、西藏
聚合草属	2	川西北高原
岩黄芪属	5	川西北高原、西藏、青海
蒿属	2	川西北高原
棘豆属	1	川西北高原、西藏、青海
苔草属	2	川西北高原
酸模属	1	川西北高原
柳属	4	川西北高原
沙棘属	2	川西北高原

2. 形态农艺性状

研究组对川西北高原野生老芒麦种质资源的分布进行了调查,并对形态学性状进行了研究,结果发现在株高、叶长、叶宽、穗长、小穗数等外部形态上变异大,分为三大形态类型,即低海拔高大型、高海拔低矮型、广布中高型。

在产草量、茎叶比和营养成分的测定基础上,从 100 余份老芒麦野生资源中选育出两份优异老芒麦新品系 SAG03025 和 SAG03044,其牧草产量和种子产量都高于对照品种川草 2 号(表 3.42)。2006~2007 年进行的品比试验结果显示,SAG03025 干草产量比对照增产 14.7%~16.9%;SAG03044 干草产量比对照增产-6.1%~5.2%,种子产量比对照增产 25.6%~32.4%。2006~2009 年两个新品系已在四川康定、四川红原、青海铁卜加和西藏当雄四地开展联合区域试验。

表 3.42 老芒麦新品系品比试验各年牧草产量   (单位:kg/hm^2)

品种(系)	测定指标	2006 年	2007 年
SAG03025	鲜草产量	38063	35729
	比对照增产	7.3%	9.3%
	干草产量	13664	12827
	比对照增产	14.7%	16.9%
	种子产量	2390	2159
	比对照增产	1.0%	-4.1%
SAG03044	鲜草产量	31413	32451
	比对照增产	-11.4%	-0.7%
	干草产量	11181	11550
	比对照增产	-6.1%	5.2%
	种子产量	3134	2826
	比对照增产	32.4%	25.6%
川草 2 号(对照)	鲜草产量	35466	32681
	干草产量	11910	10974
	种子产量	2367	2250

川西北野生垂穗披碱草种群为适应各自生长发育的生态环境,以及受人为活动的影响,已形成了气候生态型和生物生态型的分化,最明显的是在同一种植条件下,采集自低海拔低纬度地区的种质表现出返青迟、枯黄早的特点,而采集自高海拔高纬度地区的种质则具有返青早,枯黄迟的特点。

从 80 余份垂穗披碱草野生资源中筛选出两份优异种质 SAG03024 和 SAG02068,2006~2007 年对 SAG03024 和 SAG02068 新品系进行了为期两年的品比试验(表 3.43),结果表明,在同等栽培管理措施下,新品系干草产量比对照增产 27.1%~35.6%。

表 3.43　垂穗披碱草新品系品比试验各年牧草产量

品种（系）	测定指标	2006 年	2007 年
SAG03024	鲜草产量(kg/hm²)	46037	44010
	比对照增产(%)	0.3	7.9
	干草产量(kg/hm²)	16308	14093
	比对照增产(%)	33.4	29.7
SAG02068	鲜草产量(kg/hm²)	45221	42855
	比对照增产(%)	-1.5	5.1
	干草产量(kg/hm²)	15539	14724
	比对照增产(%)	27.1	35.6
甘南(对照)	鲜草产量(kg/hm²)	45900	40773
	干草产量(kg/hm²)	12228	10862

3. 抗旱性综合评价

1) 生长适应性观察

研究组对引进的沙地适生牧草进行了生长适应性观察，重点观察是否能在沙地完成生长、开花、结实等习性，测定植株地上部分和地下部分的生长、扩张能力。开展了野生植物生长速度、种子活力、发芽率等一系列测定。根据专家对乔灌木的评分标准对草种进行打分，结果表明，表 3.44 中 11 种草种植物均能很好地适应高寒沙地环境，其中硬秆仲彬草、沙生冰草、燕麦等对沙地的适应性强，结实率较高，是开展草地沙化治理的重要植物材料。

表 3.44　几种沙生植物在沙地上的适应性观察

植物材料	能否完成生活史	有无成熟种子	地上枝条扩张能力	根系扩张能力	抗旱能力	综合评价
硬秆仲彬草	＋	＋	丛生，能够较快地生长	根系较深，须根发达	强	沙地适应能力强
老芒麦	＋	＋	丛生，能够较快地生长	根系较深，须根发达	较强	沙地适应能力较强
垂穗披碱草	＋	＋	丛生，能够较快地生长	根系较深，须根发达	较强	沙地适应能力较强
沙生冰草	＋	＋	丛生，能够较快地生长	根系较深，须根发达	强	沙地适应能力较强
早熟禾	＋	－	丛生，生长较缓慢	根系较浅	中等	沙地适应能力较强
黑麦	＋	＋	丛生，能够较快地生长	根系较深，须根发达	较强	沙地适应能力强

续表

植物材料	能否完成生活史	有无成熟种子	地上枝条扩张能力	根系扩张能力	抗旱能力	综合评价
燕麦	+	+	丛生，能够较快地生长	根系较深，须根发达	强	沙地适应能力强
沙蒿	+	+	丛生，能够较快地生长	根系深，须根发达，纵向和横向扩张都很强	强	沙地适应能力较强
青藏薹草	+	—	丛生，能够较快地生长	根系入沙深，横向扩张强	强	沙地适应能力强
棘豆	+	+	匍匐生长，枝条在地表扩张很快	直根，能够入沙很深，但横向扩张不强	较强	沙地适应能力强
沙生薹草	+	—	能够较快地生长	有地下根茎，横向扩张能力强	强	沙地适应能力强

2）遗传多样性研究

（1）硬秆仲彬草。

如图 3.14 所示，研究组对 8 个仲彬草属（*Kengyilia*）物种的核型进行了研究，结果表明，根尖细胞染色体数目为 42，核型公式为 2n=6x=42=38m+4sm，除 11 对和 18 对为近中部着丝点染色体外，其余 19 对全部为中部着丝点染色体。染色体长度比为 2.50，核型为 2B 型，染色体中未发现随体。应用 RAPD 技术对仲彬草属 14 个种，1 个变种，共 32 份材料进行了遗传多样性研究。结果表明，物种内不同居群都聚在一起，亲缘关系较近。物种间遗传差异明显，具有丰富的遗传多样性，且种间的遗传多样性大于种内不同居群间的遗传多样性。同时，形态相似、地理分布一致的物种有一定的亲缘关系，聚类在一起。

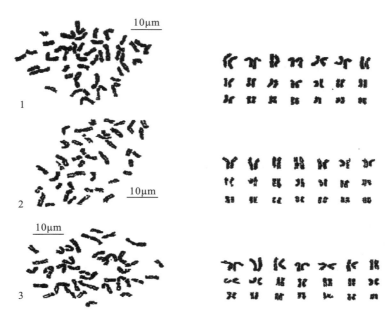

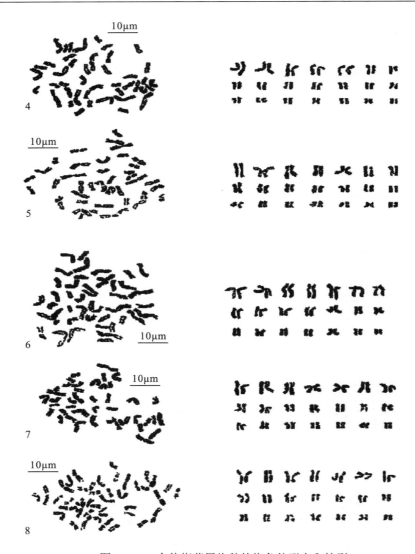

图3.14   8个仲彬草属物种的染色体形态和核型

(2) 老芒麦。

如图 3.15 所示，采用酸性聚丙烯酰胺凝胶电泳（A-PAGE）分析 54 份以川西北高原为主要来源的青藏高原野生老芒麦种质的醇溶蛋白多样性，共分离出 42 条带纹，多态率达 92.9%，平均 Shannon 指数为 0.463，遗传相似系数为 0.242～0.977。说明供试野生老芒麦材料具有较为丰富的醇溶蛋白多样性。聚类分析和主向量分析发现，醇溶蛋白图谱类型与种质来源的生态地理环境具有一定的相关性。老芒麦地理类群内遗传变异占总变异的 68.17%，而类群间的遗传变异占总变异的 31.83%。醇溶蛋白标记具有多态性高、简单易行的特点，非常适合大规模检测老芒麦种质遗传多样性及核心种质构建。

M 1 2 3 4 5 6 7 8 9 10 11 12 13 14 15 16 17 18 19 20 21 22 23 24 25 26 27 28 29 30 31 32 33 34 35 36 37 38 39 40 41 42 43 44 45 46 47 48 49 50 51 52 53 54 M

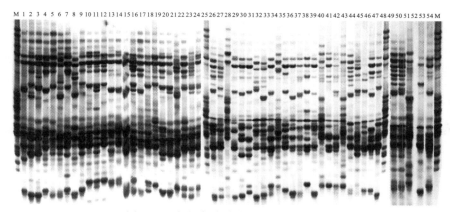

图 3.15 老芒麦种质种子醇溶蛋白电泳图谱

采用 SRAP（sequence-related amplified polymorphism，序列相关扩增多态性）和 SSR（simple sequence repeats，微卫星）分子标记技术，分析了 52 份以川西北高原为主要来源的青藏高原野生老芒麦种质的分子遗传多样性，其中 SRAP 技术共扩增出 318 条清晰条带，多态率达 86.5%，种质间的遗传相似系数范围为 0.506～0.957，多态性信息指数为 0.227。SSR 技术共扩增出 236 条清晰条带，多态率为 86.4%，每对引物平均扩增出 13 条带，多态性信息指数为 0.35，标记指数 MI 值显示 SRAP 标记比 SSR 具有更高的扩增效率。以上结果说明供试材料具有较为丰富的遗传多样性。聚类分析发现，大部分来自相同或相似生态地理环境的种质聚为一类。老芒麦地理类群内的遗传变异远高于类群间遗传变异，呈现一定程度的遗传分化。同时，利用两种标记构建了部分新品种和优异野生种质的 DNA 指纹图谱，为新品种保护提供了理论依据。

对川西北高原野生老芒麦种群的表型变异和群体分子遗传结构进行分析，表型变异分析结果表明，野生种群在穗部性状上具有丰富的遗传多样性（Shannon 指数达 1.794）且种群内遗传变异（69.29%）大于种群间遗传变异（30.71%），单穗长和宽、单穗重、小穗长、内外稃长等是造成种群穗部性状变异的主要因素，海拔、经纬度和降水量与种群穗部性状变异相关性较大。如图 3.16 所示，SRAP、SSR、ISSR（inter-simple sequence repeat，微卫星）和 RAPD（random amplified polymorphic DNA，随机扩增多态性 DNA 标记）分子标记的群体遗传结构分析表明，遗传分化指数高于 50%，表明老芒麦种群出现了较大程度的遗传分化，遗传变异主要分布在种群间，种群内变异相对较小，分子方差变异分析显示了相似的结果，这对川西北高原野生老芒麦种群的物种保护策略提供了理论参考。

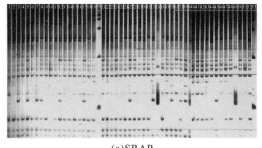

(a)SRAP　　　　　　　　　　　　　　　(b)SSR

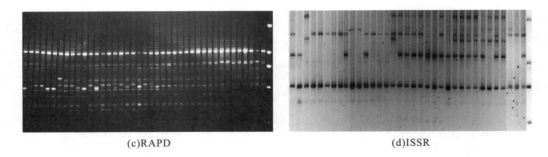

(c)RAPD　　　　　　　　　　　　　　　　　(d)ISSR

图 3.16　老芒麦种质电泳图谱

(3)垂穗披碱草

以采集自川西北高原的 12 份野生垂穗披碱草种质为研究材料,对其根尖细胞有丝分裂中期的染色体进行核型分析。如图 3.17 所示,所有材料均为 42 条染色体,这与以往报道垂穗披碱草为异源六倍体、染色体组组成为 SSHHYY 的结论一致。12 份垂穗披碱草材料中有 3 份具随体;种质 SAG203024、SAG205090 和 Y2097 的核型公式为 2n=6x=34m(2SAT)+8sm,种质 SAG202068、SAG205106、Y2091、Y2095 和 Y2120 的核型公式为 2n=6x=38m+4sm,种质 205116 和 205218 的核型公式为 2n=6x=36m+6sm,种质 SAG 205097 的核型公式为 2n=6x=32m+10sm,种质 205096 的核型公式为 2n=6x=30m+12sm。核型可分为两类,种质 SAG205097、Y2095 和 Y2097 属 1B 型,其他 9 份种质均为 1A 型。这表明川西北高原不同地理来源的野生垂穗披碱草种质在核型上发生了变异,具有一定的多样性。

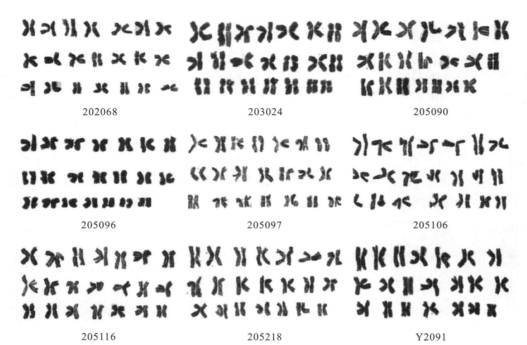

202068　　　　　　　　　　　　203024　　　　　　　　　　　　205090

205096　　　　　　　　　　　　205097　　　　　　　　　　　　205106

205116　　　　　　　　　　　　205218　　　　　　　　　　　　Y2091

Y2095　　　　　　　Y2097　　　　　　　Y2120

图 3.17 　 野生垂穗披碱草种质的核型

利用酸性聚丙烯酰胺凝胶电泳（A-PAGE）和 RAPD 两种分子标记对采集自川西北高原、青海、西藏、甘肃和新疆的 55 份垂穗披碱草种质材料进行醇溶蛋白和分子遗传多样性的分析（图 3.18～图 3.20）。结果表明，供试材料共分离出 42 条醇溶蛋白带纹，多态率达 90.48%，材料间遗传相似系数平均值为 0.631；20 个 RAPD 引物共扩增出 443 条带，多态率达 91.86%，材料间遗传相似系数平均值为 0.733，这说明供试垂穗披碱草材料具有较为丰富的醇溶蛋白和分子遗传多样性。聚类分析和主向量分析（PCoA）发现，大部分来自相同或相似生态地理环境的材料聚为一类，即供试材料的醇溶蛋白和 RAPD 带型与材料的生态地理环境具有一定的相关性。同时，通过群体内大量单株混合提取 DNA，利用 RAPD 标记构建了新品系 SAG03024、SAG02068、SAG0056 和对照品种"甘南"的 DNA 指纹图谱，即新品系可以通过其具有的特异扩增带或带纹组合与其他品系或品种相区别，它将为新品种知识产权的保护提供理论依据。

另外，对采集自川西北高原的 12 个野生垂穗披碱草种群开展的种群花序形态多样性研究的结果表明，各种群在花序形态性状上具有丰富的遗传多样性（Shannon 指数=1.868），形态变异主要集中在种群内（72%），种群间变异较小（28%）。各性状变异具有不均衡性，单穗重变异最大，外稃长变异最小。聚类分析可将 12 个种群划分为在花序形态和小穗形态上有明显差异的 4 大类。

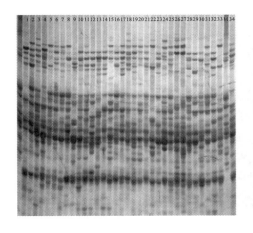

图 3.18 　 垂穗披碱草种质醇溶蛋白图谱

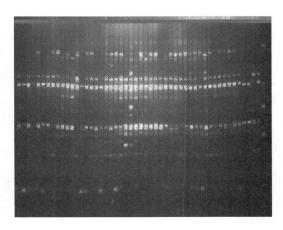

图 3.19 　 垂穗披碱草种质 RAPD 带型

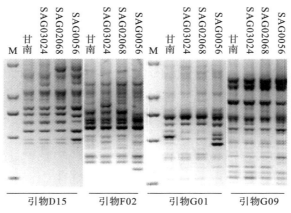

引物D15　　引物F02　　引物G01　　引物G09

图 3.20　垂穗披碱草新品系的 RAPD 指纹图谱

3)抗旱性比较研究

(1)叶片解剖结构与抗旱性关系研究。

以阿坝硬秆仲彬草、川草 2 号老芒麦、阿坝垂穗披碱草、阿坝燕麦、川草引 3 号藬草盛花期的叶片为材料，采用石蜡切片，在光学显微镜下观察测定了叶片的旱生结构(图 3.21)。结果表明，五种牧草叶片的横切面结构基本相似，明显分化出表皮、叶肉和叶脉三部分，上表皮每两个维管束之间都有 4.7 个泡状细胞及异状细胞。其中阿坝硬秆仲彬草［图 3.21(a)］、阿坝垂穗披碱草［图 3.21(c)］气孔器剧烈下凹。解剖结构表明这几种牧草旱生结构明显，抗旱性较强。

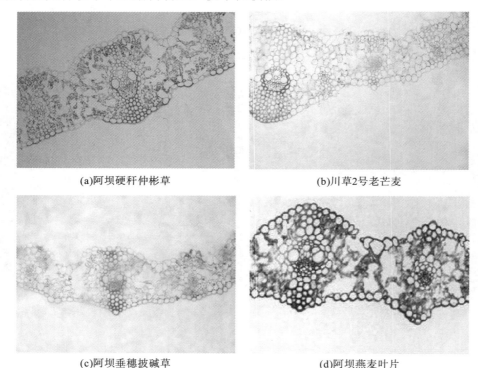

(a)阿坝硬秆仲彬草　　　　　　　　　　　　(b)川草2号老芒麦

(c)阿坝垂穗披碱草　　　　　　　　　　　　(d)阿坝燕麦叶片

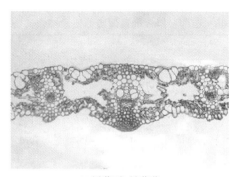

(e)川草引3号鳠草

图 3.21　叶片解剖结构(×200)

选择牧草开花期解剖结构与抗旱性相关的角质层厚度、后生导管直径及主脉厚度三项指标进行抗旱性综合评价。通过 D 值比较,确定五种牧草在抗旱性强弱的排序为:阿坝硬杆仲彬草＞阿坝垂穗披碱草＞阿坝燕麦＞川草 2 号老芒麦＞川草引 3 号鳠草(表 3.45)。

表 3.45　盛花期各指标的隶属函数值及综合评价值(D 值)

品种	隶属函数值 u(X_j)			D 值
	角质层	木质部导管直径	主脉厚度	
阿坝燕麦	0.3759	0.4683	0.1183	0.3466
川草引 3 号鳠草	0.0934	0.1909	0.4990	0.1935
川草 2 号老芒麦	0.2787	0.2190	0.2399	0.2421
阿坝垂穗披碱草	0.4593	0.3889	0.4984	0.4429
阿坝硬杆仲彬草	0.5426	0.4917	0.7712	0.5659

(2)人工模拟干旱试验试验研究。

分别采用聚乙二醇模拟干旱胁迫和盆栽自然干旱进行人工模拟干旱试验,研究了川西北高原常见的阿坝硬杆仲彬草,阿坝垂穗披碱草,川草 2 号老芒麦,川草引 3 号鳠草,阿坝燕麦五个牧草品种苗期在模拟干旱胁迫下相关抗旱性生理生化指标的动态变化(表 3.46、图 3.22)。结果表明,在干旱条件下,叶绿素含量和相对含水量下降,下降幅度随着胁迫时间延长而增加;MDA 含量、相对电导率、保护酶(POD、SOD)活性、渗透调节物质(Pro、SS)含量都增加,增加的幅度与胁迫时间呈正相关。采用隶属函数评价对五种牧草抗旱性进行了评价,结果为阿坝硬杆仲彬草＞阿坝燕麦＞川草 2 号老芒麦＞阿坝垂穗披碱草＞川草引 3 号鳠草,确定阿坝硬杆仲彬草为川西北高原沙化草地治理的优选牧草品种。

表 3.46　苗期各指标的隶属函数值及综合评价值（D 值）

品种	$u(X_j)$								D 值
	RWC	REC	MDA	POD	SOD	Chl	Pro	SS	
阿坝硬秆仲彬草	0.8183	0.9094	0.9358	0.4185	0.3142	0.8171	0.2279	0.5355	0.5528
阿坝垂穗披碱草	0.7837	0.9411	0.9640	0.3252	0.2717	0.8166	0.1168	0.2088	0.4494
川草 2 号老芒麦	0.7347	0.8213	0.8617	0.4428	0.4914	0.7070	0.2477	0.2235	0.4766
川草引 3 号藏草	0.5576	0.6526	0.7940	0.3371	0.1645	0.4445	0.0860	0.1636	0.3250
阿坝燕麦	0.4346	0.5677	0.6201	0.4061	0.1649	0.5436	0.4711	0.5249	0.4821

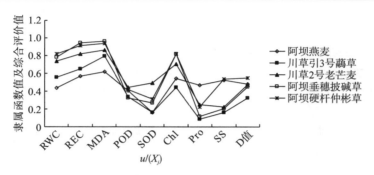

图 3.22　苗期各指标的隶属函数值及综合评价值（D 值）

3.3.2　新品种选育

川西北高原地理气候条件特殊，生态环境极其脆弱。研究组针对川西北高寒草地沙化日趋严重，生态治理牧草品种缺乏的突出问题，确定了"本土植物选育为核心"的基本育种方针，具体育种目标为：①耐风蚀，耐沙埋，抗寒、抗旱、耐瘠能力强；②在严重退化、沙化草地上能够正常生长发育；③遗传性状稳定，利用期长。基于对掌握的乡土草种和引进草种种质资源的综合评价，进一步采用单株选择、混合选择等育种手段，育成国审草品种即阿坝硬秆仲彬草。以下重点介绍阿坝硬秆仲彬草的植物学特征、选育过程及其生态、生产特性。

1. 品比试验结果

牧草产量测定结果表明（表 3.47），阿坝硬秆仲彬草 2006 年、2007 年、2008 年干草产量分别达到 3765kg/hm²、4102kg/hm² 和 4126kg/hm²，比对照野生硬秆仲彬草分别提高了 15.4%、19.4%、17.3%，差异显著。阿坝硬秆仲彬草三年平均干草产量达到 3997kg/hm²，比对照野生硬秆仲彬草群体提高了 17.4%，差异显著。阿坝硬秆仲彬草 2006 年、2007 年、2008 年种子产量分别为 513kg/hm²、534kg/hm² 和 548 kg/hm²，比对照野生硬秆仲彬草分别提高了 16.9%、16.6% 和 17.8%。三年平均种子产量为 532kg/hm²，比野生硬秆仲彬草提高了 17.2%，差异显著。

表 3.47　牧草产量记录表

年份(年)	申报品种	对照品种	增减产(%)
	阿坝硬秆仲彬草(kg/hm²)	野生硬秆仲彬草(kg/hm²)	
2006	鲜草 13973	鲜草 12264	13.9
	干草 3765	干草 3263	15.4
	种子 513	种子 439	16.9
2007	鲜草 16041	鲜草 13006	23.3
	干草 4102	干草 3435	19.4
	种子 534	种子 458	16.6
2008	鲜草 15208	鲜草 13106	16.0
	干草 4126	干草 3518	17.3
	种子 548	种子 465	17.8
平均	鲜草 15074	鲜草 12792	17.8
	干草 3997	干草 3405	17.4
	种子 532	种子 454	17.2

2. 区域试验结果

在若尔盖、玛曲、铁卜加三个不同的区试点上进行区域试验，测定结果表明，阿坝硬秆仲彬草的鲜、干草产量随生长年限的延长而增加，第二、三年鲜、干草产量达到较高水平。若尔盖、玛曲试验点鲜干草及种子产量高于铁卜加试验点，阿坝硬秆仲彬草三个区试点平均鲜草产量14310kg/hm²，比野生硬秆仲彬草增产8.2%，平均干草产量3835kg/hm²，比野生硬秆仲彬草增产10.3%，差异显著。阿坝硬秆仲彬草平均每株小穗数 16～22 个，每穗小花数 5～8 个，天然结实率 58.2%～64.8%，千粒重 4.65～5.42g，表现出较好的结实性能。三年间阿坝硬秆仲彬草三个试验点平均种子产量为 507kg/hm²(表 3.48)，比野生硬秆仲彬草增产 12.9%，差异显著。

表 3.48　区域试验点种子产量总汇

试验点	年份(年)	申报品种	对照品种	增减产(%)
		阿坝硬秆仲彬草(kg/hm²)	野生硬秆仲彬草(kg/hm²)	
若尔盖	2006	种子 465	种子 418	11.2
	2007	种子 523	种子 459	13.9
	2008	种子 559	种子 497	12.5
	平均	种子 516	种子 458	12.7
玛曲	2006	种子 479	种子 424	13.0
	2007	种子 536	种子 469	14.3
	2008	种子 551	种子 485	13.6
	平均	种子 522	种子 459	13.7
铁卜加	2006	种子 436	种子 385	13.2
	2007	种子 497	种子 442	12.4
	2008	种子 517	种子 467	10.7
	平均	种子 483	种子 431	12.1
三个试点平均		种子 507	种子 449	12.9

3. 生产试验结果

在连续三年的大田生产试验中，阿坝硬秆仲彬草表现出了优良的生产性能，若尔盖、红原和玛曲三个试验点进行的生产试验结果表明，阿坝硬秆仲彬草的产量均高于野生硬秆仲彬草(表 3.49)，三年平均鲜草产量达到 14392kg/hm^2，干草产量达到 3909kg/hm^2，种子产量达到 521kg/hm^2，野生硬秆仲彬草三年平均鲜草产量达到 12679kg/hm^2，干草产量达到 3350kg/hm^2，种子产量达到 454kg/hm^2，分别增产 13.5%、16.7%和 14.7%，差异显著。

表 3.49　阿坝硬秆仲彬草生产试验汇总

试验点	年份	申报品种	对照品种	增减产(%)
		阿坝硬秆仲彬草(kg/hm^2)	野生硬秆仲彬草(kg/hm^2)	
若尔盖	2006	鲜草 13106	鲜草 12175	7.6
		干草 3591	干草 3264	10.0
		种子 492	种子 426	15.5
	2007	鲜草 15108	鲜草 13207	14.4
		干草 4173	干草 3552	17.5
		种子 510	种子 448	13.8
	2008	鲜草 14507	鲜草 13006	11.5
		干草 3931	干草 3425	14.8
		种子 537	种子 475	13.1
	平均	鲜草 14240	鲜草 12796	11.3
		干草 3898	干草 3413	14.2
		种子 513	种子 450	14.1
红原	2006	鲜草 14607	鲜草 12606	15.9
		干草 4069	干草 3414	19.2
		种子 478	种子 410	16.6
	2007	鲜草 15208	鲜草 13406	13.4
		干草 4148	干草 3462	19.8
		种子 547	种子 483	13.2
	2008	鲜草 15308	鲜草 13095	16.9
		干草 4155	干草 3396	22.3
		种子 572	种子 492	16.3
	平均	鲜草 15041	鲜草 13036	15.4
		干草 4124	干草 3424	20.4
		种子 532	种子 462	15.2
玛曲	2006	鲜草 13206	鲜草 11605	13.8
		干草 3452	干草 2955	16.8
		种子 457	种子 409	11.7
	2007	鲜草 14507	鲜草 12306	17.9

续表

试验点	年份	申报品种	对照品种	增减产 (%)
		阿坝硬秆仲彬草 (kg/hm^2)	野生硬秆仲彬草 (kg/hm^2)	
	2007	干草 3861	干草 3268	18.1
		种子 539	种子 458	17.7
		鲜草 13973	鲜草 12706	10.0
	2008	干草 3805	干草 3417	11.4
		种子 556	种子 486	14.4
		鲜草 13895	鲜草 12205	13.8
平均		干草 3706	干草 3213	15.3
		种子 517	种子 451	14.6

3.3.3　小结

选育出 11 种对川西北高寒沙地的适应能力强的治沙草种。选育出 1 种新品种阿坝硬秆仲彬草,干草产量达到 3997kg/hm^2,较对照野生硬秆仲彬草群体提高 17.4%,种子产量为 532kg/hm^2,比野生硬秆仲彬草提高 17.2%。试验区平均鲜草产量 14310kg/hm^2,比野生硬秆仲彬草增产 8.2%,平均干草产量 3835kg/hm^2,比野生硬秆仲彬草增产 10.3%。

3.4　结论

(1)首次建立了川西北高寒沙化地适生植物资源库共计 38 科 105 属 209 种,以禾本科 (Gramineae)、莎草科 (Cyperaceae)、菊科 (Compositae)、蔷薇科 (Rosaceae)、龙胆科 (Gentianaceae) 等为主,物种极为匮乏。植物区系分析表明:区内种子植物的 105 属共分为 8 个分布区类型,9 个变型,其中温带分布则有 87 个属,占总属数的 82.86%,说明川西北高寒沙化土地的种子植物区系具明显的温带性质。首次构建了不同沙化类型适生植物图谱,为以后的治沙工程奠定坚实基础。

(2)针对高寒沙区的特殊环境,首次建立了一套系统、完整、客观、灵活且便于操作的植物筛选指标体系。经过移栽、抗旱特性分析、光合特征分析等试验,根据专家拟出的筛选指标评分标准,对 68 种乔灌木植物进行评分后筛选出了 33 种适宜在高寒沙区生长的优良乔灌木。通过对草种资源评价、遗传多样性分析等试验,根据筛选指标评分标准对 100 多种草种植物进行评分,筛选出了 11 种优良治沙草种。

(3)在川西北高寒沙区率先开展了国内最完整、系统的治沙植物新品种选育研究。选育出优品种 7 种。首次选育优良品种"白哇多"和"俄色茶 7 号"(证书编号分别是川 R-WTS-MT-021-2012、川 R-SC-MT-017-2013),将经济和治沙相结合,植于沙地后,不仅防风固沙效果好,也能给当地人民带来丰厚的经济收入,造林保存率达 80% 以上,每亩可带来 2150 元的收入。"若柳 1 号""若柳 4 号"(证书编号分别是川 R-SV-SP-026-2013、川 R-SV-SP-027-201)扦插成活率约 95%,而国内外相似区品种成活率一般仅为 75%～85%。移植后保存率达 83%,显著高于普通品种。国审牧草新品种"阿坝硬秆仲彬草"(登记号为 365），是国内首次培育成功的沙化草原治理专用新品种，用于推广后，其鲜草产量、干草产量、种子产量分别比野生硬秆仲彬草增产 13.5%、16.7%和 14.7%，差异显著。光果西南杨的良种选育研究属首次，选育出的"稻杨 1 号"两个良种还在认定申请中，"稻杨 1 号"稳定性高、生长速度快，5 年生胸径平均值 5.35cm，树高平均值 5.79m，胸径年生长量 1.07cm，树高年生长量 1.14m，显著高于其他品种。

第 4 章　川西北高寒沙地土壤改良技术研究

土壤沙化的实质就是土壤退化,包括土壤的物理退化、化学退化与生物退化。在沙质荒漠化地区,因风蚀、水蚀、干旱、鼠虫害和人为不当经济活动等因素,土壤土质粗沙化,土壤有机质含量下降,营养物质流失,土壤生产力减退。川西北高寒区具有海拔高、温差大、虫鼠害严重和过度放牧等气候、生物特点,沙化土壤养分流失情况严重,土壤生产力减退明显。

沙化土地植被恢复的关键在于土壤改良,只有土壤质量得到改善,才能从根本上改变土壤沙化现状。目前成熟的土壤改良措施主要有植物土壤改良技术和化学土壤改良技术。植物改良技术主要包括退耕还林还草、围栏封育等技术;化学土壤改良技术主要包括施肥、客土等技术。通过土壤改良技术的实施,可以有效改善土壤结构,增加土壤肥力,为植物恢复提供土壤条件。

本章对川西北高寒沙地不同沙化类型土壤理化性质进行特性分析,探讨土壤养分流失情况;然后通过试验设置,探讨不同施肥皮改良土壤、客土皮改良土壤、栽植植物改良土壤等土壤改良技术措施,并分析土壤改良效果,首次提出成熟的川西北高寒沙地土壤改良技术,为川西北高寒沙地林草植被恢复提供良好的土壤条件,为川西北高寒沙地林草植被恢复提供理论基础和技术支撑。

4.1　川西北高寒沙地土壤理化特性研究

随着土壤沙化程度的增加,土壤质地逐渐变差,土壤养分含量下降,土壤保水保肥能力降低,对川西北高寒沙地不同沙化类型土壤理化性质特性进行分析讨论,探讨川西北高寒沙地不同沙化类型土壤养分流失情况,可为土壤改良施肥量、客土量及其他生物措施提供理论基础。

对流动沙地、半固定沙地、固定沙地、露沙地不同沙化类型土壤 0~20cm 表层采集土样,以天然草地作为对照,每个类型取 3 个重复,共 15 个土样,分析不同沙化类型下土壤理化性质特征,测定指标为含水量、机械组成、土壤容重、土壤孔隙度、全效 N、P、K 和速效 N、P、K。

4.1.1　川西北高寒沙地不同沙化类型土壤物理性质特征分析

土壤物理性质研究主要为土壤含水量、土壤容重、土壤机械组成和土壤孔隙度(非毛管孔隙度、毛管孔隙度、总孔隙度),具体特性指标见表 4.1。

表 4.1　沙化土地土壤物理性质分析

测定指标	流动沙地	半固定沙地	固定沙地	露沙地	草地
土壤含水量(%)	2.67	8.73	10.70	21.29	43.58
土壤容重(g/cm³)	1.56	1.50	1.46	1.34	0.94
土壤非毛管孔隙度(%)	26.55	13.40	5.95	4.61	3.39
土壤毛管孔隙度(%)	24.96	46.89	56.57	70.85	58.05
土壤总孔隙度(%)	51.51	60.28	62.53	75.46	60.50
砂粒(%)	96.10	95.10	93.32	91.55	54.88
粉粒(%)	0.10	0.60	1.44	2.79	34.22
黏粒(%)	3.80	4.30	5.24	5.66	10.90

1. 不同沙化类型土壤容重特性

土壤容重又称土壤密度,是一定容积的土壤(包括土粒及粒间的孔隙)烘干后的重量与同容积水重的比值,反映土壤的透水性、通气性和根系生长的阻力状况,是土壤物理性质的一个重要指标。土壤容重不仅是土壤机械组成和孔隙度的综合反映,也是判断土壤结构、土壤肥力水平和退化程度的重要指标(红梅等,2004)。土壤容重指单位容积烘干土的质量,土壤容重小,说明土壤比较疏松,孔隙多,通透性较好,潜在肥力较高;土壤容重大,表明土壤比较紧实,孔隙小,结构性差,通透性差(Compiling Committee of Yanchi Chronicle, 2002;Turner, 1990)。

如图 4.1 所示,随着沙化程度的增加,土壤容重逐渐增加,露沙地、固定沙地、半固定沙地、流动沙地的土壤容重较天然草地增加了 42.69%、55.14%、59.57%、65.96%。土壤容重的增加可能是因为随着沙化程度的加剧,土壤粗砂含量增大,细砂含量减少。同时,该区域牛羊践踏严重,植被盖度减少,使得土壤中植物残体减少,有机质含量降低,影响植物根系的生长,使土壤紧实板结,导致土壤容重的增加,土壤退化严重。

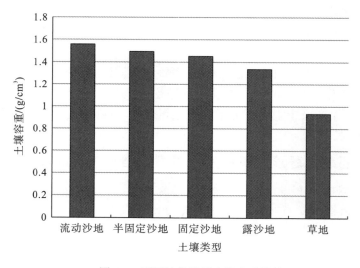

图 4.1　不同沙化类型土壤容重特性

2. 不同沙化类型土壤孔隙度特性

土壤孔隙度的大小、数量及分配是土壤物理性质的基础和基本特征,也是评价土壤结构特征的重要指标(赵世伟,2002)。土壤孔隙的组成直接影响土壤通气透水性和根系穿插的难易程度,并且对土壤中水、肥、气、热和微生物活性等发挥着不同的调节功能(田大伦和陈书军,2005)。土壤毛管孔隙度越大,土壤持蓄水能力越强。土壤非毛管孔隙是土壤重力水移动的主要通道,与土壤蓄渗水能力更为密切。研究发现,土壤总孔隙度在 50%左右,其中非毛管孔隙占 1/5~2/5 时,土壤的通气性、透水性和持水能力比较协调(北京林业大学,1993)。

如图 4.2 所示,土壤非毛管孔隙度随着土壤沙化程度的增加而增大,相较于天然草地,流动沙地、半固定沙地、固定沙地、露沙地分别增加了 683.6%、295.5%、75.7%、36.2%。土壤毛管孔隙度随着沙化程度的不同而不同,相较于天然草地,流动沙地、半固定沙地、固定沙地分别减少了 57.0%、19.2%、2.5%,露沙地较天然草地增加了 22.0%。土壤总孔隙度随着沙化程度的不同而不同,相较于天然草地,流动沙地、半固定沙地分别减少了 14.9%、0.4%,固定沙地、露沙地较天然草地增加了 3.4%、24.7%。

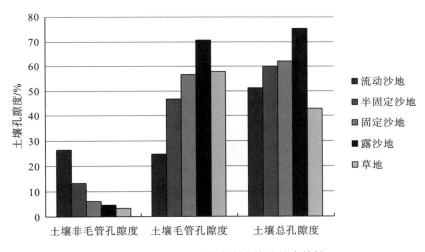

图 4.2 不同沙化类型土壤孔隙度特性

非毛管孔隙是直径大于 0.1mm 的土壤孔隙。因土壤颗粒大、排列疏松而形成。非毛管孔隙度使土壤通气、透水,但不具有持水能力。随着土壤沙化程度的增加,土壤粗砂比例增加,土壤间大孔隙(非毛管孔隙度)增加,土壤保水能力减少。同时,随着沙化程度的增加,植被减少,枯枝落叶减少(马和平等,2012),土壤养分得不到补充,土壤下植被根系减少,土壤养分淋溶增加,土壤黏性减少,土壤毛管孔隙度和总孔隙度减小,土壤蓄水保肥能力减小,土壤养分流失加剧。

3. 不同沙化类型土壤含水量特性

土壤水分是构成土壤肥力的主要因素之一。土壤持水量因地上植被、土壤类型、年度降水差别及干扰等因素的不同而有较大差别。特别在草地环境中土壤沙化，土壤水分含量的变化是诱发植被退化的瓶颈之一，也是限制土壤肥力供给的关键因子。

如图4.3所示，随着沙化程度的增加，土壤含水量逐渐减小，流动沙地、半固定沙地、固定沙地、露沙地较天然草地减少了93.9%、80.0%、75.4%、51.1%。

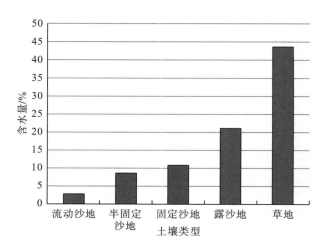

图4.3　不同沙化类型土壤含水量特性

土壤含水量的多少受地形、植被等因素的影响较大（徐宁等，2008）。在本研究中，植被的影响是主要的，而地形的影响是次要的。随着沙化程度的增加，地表植被逐渐减少，加上牛羊践踏的增加，水分蒸发和土壤紧实度增加，雨后（尤其是大雨）水分下渗很慢，滞留在土壤表层，并且该地区日照强烈，地表水分迅速蒸发，在一段时间后，土壤含水量减小（张蕴薇等，2002），土壤保水蓄水能力减小，植物生长受限。

4. 不同沙化类型机械组成特性

土壤是由大小不同的土粒按不同的比例组合而成的，这些不同的粒级混合在一起表现出的土壤粗细状况，称土壤机械组成或土壤质地，它是土壤十分稳定的自然属性，对土壤的各种性状如土壤的通透性、保蓄性、耕性以及养分含量等都有很大的影响。土壤机械组成是土壤最基本的物理性质之一，也是影响土壤水肥状况的关键因子。按照我国土壤土粒分级制，土壤被区分为三个大的分级：砂土、壤土、黏土。美国制是指美国农业部（United states Department of Agriculture，USDA）制，分为砂粒（2～0.05 mm）、粉粒（0.05～0.002mm）和黏粒（<0.002mm）三个粒相。

如表4.2所示，随着沙化程度的增大，沙砾含量增加，流动沙地、半固定沙地、固定沙地、露沙地较天然草地增加了75.1%、73.3%、70.0%、66.8%；粉粒含量减小，流动沙地、半固定沙地、固定沙地、露沙地较天然草地减少了99.7%、98.2%、95.8%、91.8%；粘粒含量减小，流动沙地、半固定沙地、固定沙地、露沙地较天然草地减少了65.1%、60.6%、52.0%、48.0%。

表 4.2 不同沙化类型机械组成特性（%）

沙化类型	砂粒	粉粒	黏粒
流动沙地	96.10	0.10	3.80
半固定沙地	95.10	0.60	4.30
固定沙地	93.32	1.44	5.24
露沙地	91.55	2.79	5.66
天然草地	54.88	34.22	10.9

流动沙地土壤砂粒含量和北方相关沙区比较（张继义等，2009；王利兵等，2006），科尔沁沙地 0~20 cm 土层平均砂粒含量为 86.9%~98.9%，浑善达克沙地（王利兵等，2006）0~20 cm 土层半固定沙地表层平均砂粒含量达 96.9%，川西北高寒沙地沙化程度与北方典型沙地沙化程度接近，土壤退化严重。

4.1.2 川西北高寒沙地不同沙化类型土壤化学性质特征分析

土壤化学性质主要分析土壤有机质、全 N、全 P、全 K 和速效 N、速效 P、速效 K，通过沙化土地土样测定，得到数据如表 4.3 所示。

表 4.3 不同沙化类型土地土壤化学性质分析

沙化类型	有机质 (g/kg)	全 N (g/kg)	全 P (g/kg)	全 K (g/kg)	速效 N (mg/kg)	速效 P (mg/kg)	速效 K (mg/kg)
流动沙地	1.64	0.15	0.31	9.34	9.55	1.69	43.73
半固定沙地	4.40	0.30	0.33	10.87	12.00	1.93	82.87
固定沙地	5.34	0.33	0.37	11.18	29.76	3.53	103.57
露沙地	8.50	0.51	0.34	11.08	52.32	10.39	175.00
天然草地	74.94	3.51	0.97	14.18	373.3	2.36	411.60

1. 不同沙化类型土壤有机质特性

土壤有机质泛指土壤中来源于生命的物质。包括土壤微生物、土壤动物及其分泌物、土体中植物残体以及植物分泌物。土壤有机质是土壤最重要的组成成分，其含量对土壤理化性状影响很大，是植物和微生物生命活动所需要的养分和能量的源泉，也是反映土壤肥力高低及土壤-植物生态系统发展或衰退的重要指标（王春明等，2003；李绍良等，2002），决定着土壤养分贮量和供应水平。

有机质受地表植被凋落物和根系减少的影响，同时由于过度放牧等人为干扰，随着沙化程度的增加土壤有机质含量逐渐减小，流动沙地、半固定沙地、固定沙地、露沙地较天然草地减少了 97.8%，94.1%，92.9% 和 88.7%，有机质流失严重（图 4.4）。这是因为草地土壤的有机质主要来源于凋落物和根系，随着沙化程度的增加，沙化土地上植被，地上凋落物和地下根系，土壤有机质积累及土壤养分含量均逐渐减少。

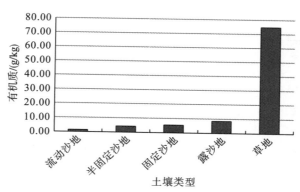

图 4.4　不同沙化类型土壤有机质特性

2. 不同沙化类型全 N、全 P、全 K 特性

全 N、全 P、全 K 是土壤贮藏植被生长所必需的氮素、磷素和钾素的总量，体现了土壤的总肥力大小，是衡量土壤肥力的重要指标。下面研究川西北高寒沙地不同沙化类型土壤全 N、全 P、全 K，探讨随着沙化程度的增加，土壤养分的亏缺情况。

随着沙化程度的增加，土壤全 N 含量逐渐减小，流动沙地、半固定沙地、固定沙地、露沙地较天然草地减少了 95.7%、91.5%、90.6%、85.5%［图 4.5(a)］。全 N 含量通常用于衡量土壤 N 素的基础肥力，其含量与土壤有机质含量有密切的相关性。据研究，土壤全 N 的 95% 来源于有机质(康师安等，1986)，并受凋落物和根系的分解率控制。随着有机质的减少，全 N 含量随之减小。

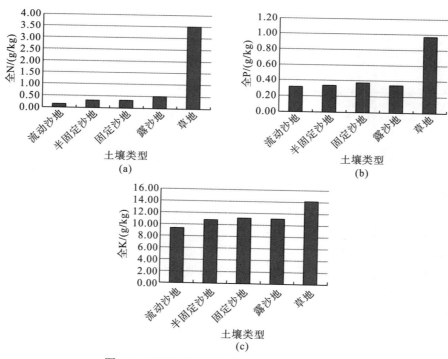

图 4.5　不同沙化类型土壤全 N、全 P、全 K 特性

　　土地沙化以后，土壤全 P 含量减小到 0.31～0.37g/kg，流动沙地、半固定沙地、固定沙地、露沙地较天然草地分别减少了 68.0%、66.0%、61.9%、64.9%，不同沙化类型土壤全 P 含量差异不大，相对于天然草地减小了 65% 左右 [图 4.5(b)]。

　　土地沙化以后，土壤全 K 含量减小到 9.34~11.08g/kg，流动沙地、半固定沙地、固定沙地、露沙地较天然草地分别减少了 34.2%、23.4%、21.1%、21.9%，不同沙化类型土壤全 K 含量差异不大，相对于天然草地减少了 21%~34% [图 4.5(c)]。

　　随着沙化程度的增加，土壤全 N、全 P、全 K 都有不同程度减少，土壤全效养分较天然草地流失严重，林草植被恢复难度增大。

　　3. 不同沙化类型速效 N、速效 P、速效 K 特性

　　土壤速效养分是指土壤所提供的植物生活所必需的易被作物吸收利用的营养元素，主要为速效 N、速效 P、速效 K，包括水溶态养分和吸附在土壤胶体颗粒上容易被交换下来的养分，其含量的高低是土壤养分供给的强度指标。下面研究川西北高寒沙地不同沙化类型土壤速效 N、速效 P、速效 K，探讨随着沙化程度的增加，土壤速效养分的供给能力。

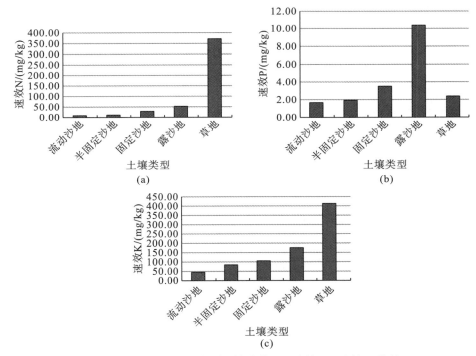

图 4.6　不同沙化类型土壤速效 N、速效 P、速效 K 特性

　　随着沙化程度的增加，土壤水解 N 含量逐渐减小，流动沙地、半固定沙地、固定沙地、露沙地较天然草地减少了 97.4%、96.8%、92.0% 和 86.0% [图 4.6(a)]。

　　因沙化程度的不同，土壤速效 P 含量不同，流动沙地、半固定沙地较天然草地减少了 28.5% 和 18.2%，固定沙地、露沙地较天然草地增加了 49.6% 和 340.0% [图 4.6(b)]。植物根系分泌的有机酸能活化土壤中的 P，同样随着地表植被的退化，植物根系的减少，这

种作用得到抑制，从而导致了速效 P 的含量下降。

随着沙化程度的增加，土壤速效 K 含量逐渐减小，流动沙地、半固定沙地、固定沙地、露沙地较天然草地减少了 89.4%、79.9%、74.8%和 57.5%［图 4.6(c)］。土壤中有机质的存在能帮助固定 K。植被退化减少了土壤中的有机质含量，使得团粒结构数量下降，土壤单粒排列紧密，孔隙度减小，通气性变差，这些物理性质会降低土壤 K 的利用效率，从而使土壤速效 K 含量减少。

随着沙化程度的增加，土壤速效 N、速效 P、速效 K 都有不同程度减少，土壤速效养分较天然草地流失严重，林草植被生长所需养分供给不足，林草植被恢复难度增大。

4.1.3　小结

(1)川西北高寒沙地，土壤容重随着沙化程度的增加而增大；土壤含水量、土壤非毛管孔隙度随着沙化程度的增加而减小。

(2)土壤机械组成分析结果显示该区域土壤呈现砂粒含量高、黏粒含量低的特点，且随着沙化程度的加重，砂粒含量亦增大，流动沙地高达 96.10%，首次提出该区域与北方典型沙区的砂粒含量接近，并且土壤养分流失严重。说明地表植被一旦被破坏，极易出现沙化，表明区域沙化的地质因素。因此该区域的沙化治理应坚持"预防为主、防治结合"的原则。

(3)川西北高寒沙地土壤有机质较天然草地减少 85%以上，全 N 减少 85%以上，速效 N 减少 86%以上，全 P 减少 61%以上，速效 P 减少 18%以上，土壤全 K 减少 21%以上，速效 K 减少 57%以上。土壤养分较天然草地流失严重，土壤质量不断变差，植被成活率低，林草植被恢复难度增大。

4.2　川西北高寒沙地土壤改良技术研究

土壤改良是针对土壤的不良质地和结构，采取相应的物理、生物或化学措施，改善土壤性状，提高土壤肥力，增加作物产量，以及改善人类生存土壤环境的过程。对川西北高寒沙地进行土壤改良技术研究，包括施肥、客土和栽植植物改良土壤技术，为植物恢复提供良好的土壤条件，为川西北林草植被恢复模式及关键技术提供理论依据。

施用有机肥，采用就地取材的方法，主要材料为牛羊粪。客土改良工程量大，应因地制宜，主要材料为泥炭土和草甸土。

4.2.1　土壤改良材料确定

根据对川西流动沙地土壤与草地土壤的对比分析得出，沙化土壤养分流失较严重。增加土壤养分的改良措施主要为施肥、客土和栽植植物(增加地上、地下部分生物量)等。

根据川西北地区防沙治沙试点示范工程实践经验，川西北地区沙化土地土壤改良优先选择当地牛羊等牲畜产生的牛羊粪为主要材料，就近收集腐熟牛羊粪。川西北藏区各类家畜存栏数量达 881.36 万头(只、匹)，为沙化土壤改良提供了充足原材料。

川西藏区泥炭土、草甸土储量丰富，其他建筑资源匮乏，藏民曾用泥炭土制成房屋、院坝围墙，现多以土砖代替，原弃置泥炭土围墙可用于高寒沙地沙化土壤改良材料。另外修建公路等工程措施弃置的表层草甸土，可用于高寒沙地沙化土壤改良材料。

　　由于川西北高寒沙地生态环境地位的重要性，施肥材料采用有机肥，根据就地取材、节约成本和当地沙化治理工程现状，施肥材料确定为牛羊粪，客土材料确定为泥炭土和草甸土，具体养分含量见表 4.4。

表 4.4　土壤改良材料养分分析　　　　　　　（单位：g/kg）

养分	牛粪	羊粪	泥炭
有机质	262.4	256.4	380.8
全 N	23.5	16.7	10.4
全 P	3.85	3.22	0.81
全 K	4.57	3.36	13.90

4.2.2　施用有机肥土壤改良技术

1. 施有机肥土壤改良试验设计

　　有机肥施用试验试验设计在 2007 年若尔盖县沙化治理试点区，采取条施、穴施、撒施三种方式施入沙化土壤。其中条施分为两种方式，一种沿沙障施用，另一种沿沙障间施用。穴施仅用于植灌穴中。对照除未施肥外其他措施保持不变，详见表 4.5。

表 4.5　牛羊粪施用试验设计　　　　　　　（单位：t/hm²）

施用方式	施用量			
	流动沙地	半固定沙地	固定沙地	露沙地
沿沙障条施	9～10	7～8	—	—
沙障中间条施	9～10	7～8	—	—
穴施	9～10	7～8	—	—
撒施	10～15	8～9	5～6	4～5
CK	0	0	0	0

2. 施有机肥土壤改良试验结果与分析

　　2014 年 7 月对若尔盖县 2007 年度省级沙化治理试点区不同沙化类型、不同牛羊粪施用方式地上植物生长状况调查见表 4.6。

表 4.6　牛羊粪施用试验设计植被变化

施用方式	沙化类型	植被盖度(%)	植被平均高度(cm)	植被成活率(%)
沿沙障条施	半固定沙地	70～75	50～60	80～90
	流动沙地	55～65	40～50	70～80
沙障间条施	半固定沙地	65～70	50～55	70～80
	流动沙地	45～55	40～50	65～70

续表

施用方式	沙化类型	植被盖度(%)	植被平均高度(cm)	植被成活率(%)
穴施	半固定沙地	65~70	55~65	80~90
	流动沙地	45~55	50~65	70~80
撒施	露沙地	80~90	50~70	80~90
	固定沙地	75~80	50~65	80~90
	半固定沙地	70~75	55~65	70~80
	流动沙地	65~70	50~65	70~80
CK	露沙地	45~55	30~45	65~70
	固定沙地	35~45	35~50	60~70
	半固定沙地	25~35	30~35	55~60
	流动沙地	20~25	20~30	50~60

三种方式施用有机肥后植被成活率、植被盖度和平均高度均大于对照。

流动沙地植被盖度较对照提高 122.2%以上，平均高度提高 80.0%以上，成活率提高 22.7%以上。半固定沙地植被盖度较对照提高 125.0%以上，平均高度提高 61.5%以上，成活率提高 30.4%以上。固定沙地植被盖度较对照提高 93.8%以上，平均高度较对照提高 35.3%以上，成活率提高 23.5%以上。露沙地植被盖度较对照提高 50.0%以上，平均高度提高 60.0%以上，成活率提高 25.9%以上。

试验对比分析得出施肥可以显著提高植被盖度、平均高度和植被成活率。这与陈伯华等(2001)研究牛羊粪养分含量的结论相辅，牛羊粪具有较高的养分含量，而且肥效持久，施用一次三年有效。同时，牛羊粪中含有没有被消化的植物种子，用牛羊粪治沙相当于给表层沙子上了肥料，播下了种子，不仅固定住了流动的沙丘，而且有一定的播种效果。

同时，其他研究表明，牲畜粪便是天然草地放牧生态系统重要的养分来源，粪便归还被认为是一种重要的施肥措施和影响草地生态系统的主要途径，对于增强土壤肥力、改变生态系统物质与能量循环具有显著的生态效应(何奕忻等，2009)。牲畜粪便排泄能直接增加土壤营养元素(包括有机质、全 N、全 P 和全 K 等)含量(姜世成等，2006)，增强粪便斑块下土壤微生物活性，加快养分循环速率，在较小尺度范围内显著改变草地土壤理化和生物学性质(王常慧等，2004)。

3. 施用有机肥技术要点

土地沙化后营养元素已大量流失，必须补充土壤养分，促进灌草的正常生长，而腐熟的牛羊粪撒盖在沙地上后，能达到固定沙地和增强肥力的效果。

1) 材料质量

牛羊粪必须经过腐熟处理后才能使用。

2) 材料准备与运输

材料准备：收集本地或邻近县域的牛羊等牲畜排泄的牛羊粪。

材料处理：采用半坑式堆制，用双层农膜全堆包裹保温，堆肥完成时间一般以 14d 为宜，超过则易造成硝态氮随水流失，肥效降低。

材料装车：采用人工或机械进行装车。

材料运输：将材料用布等材料进行遮盖，防止洒落。

材料卸料：根据沙地需用量进行下车，减少二次转运量。

3) 施肥时间

在灌木栽植或播种牧草前根据不同的施肥方式将牛羊粪施入沙地中。

4) 施肥方法

(1) 撒施方法。牛羊粪撒施顺序是由一人先将羊粪均匀撒盖在沙地上，另一人翻沙将羊粪全部覆盖，然后再均匀撒施牛粪，并用脚力将牛粪压紧，羊粪厚度 1～1.5cm，牛粪厚度 1.5～3cm。

(2) 条施方法。为提高沙障固沙能力，增加沙障周围生物量，采用人工沿沙障均匀条施方法进行。将牛粪、羊粪按比例混合后，沿沙障四周均匀施牛羊粪，条施后用脚踩实压紧。或根据沙障编织规格，在沙障中间按每隔 30～50cm 开沟一条，在开沟内撒播草种后均匀施用混合好的牛羊粪，条施后将沟填平并用脚踩实压紧。

(3) 穴施方法。为提高栽植乔灌木成活率，增加固沙能力，在栽植穴内穴施牛羊粪作为基肥。在栽植穴内将混合好的施于穴底，然后将栽植树种按要求进行栽植后用脚踩实压紧。

5) 适宜立地类型及施肥量

(1) 撒施。适宜川西北高寒沙地立地分类系统中所有的立地类型。施肥量：2 号、6 号、11 号、15 号、20 号、24 号立地类型撒施量为 10～15t/hm^2；3 号、7 号、12 号、16 号、21 号、25 号立地类型撒施量为 8～9t/hm^2；4 号、8 号、13 号、17 号、22 号、26 号立地类型撒施量为 5～6t/hm^2；5 号、9 号、14 号、18 号、23 号、27 号立地类型撒施量为 4～5t/hm^2。牛羊粪配制比例为 1：2。

(2) 条施。适宜于 2 号、6 号、11 号、15 号、20 号、24 号等极重度沙化高山草甸土立地类型和 3 号、7 号、12 号、16 号、21 号、25 号等重度沙化高山草甸土立地类型。施肥量：2 号、6 号、11 号、15 号、20 号、24 号立地类型条施量为 9～10t/hm^2；3 号、7 号、12 号、16 号、21 号、25 号立地类型撒施量为 7～8t/hm^2。牛羊粪配制比例为 1：2。

(3) 穴施。适宜于 2 号、6 号、11 号、15 号、20 号、24 号等极重度沙化高山草甸土立地类型和 3 号、7 号、12 号、16 号、21 号、25 号等重度沙化高山草甸土立地类型。施肥量：2 号、6 号、11 号、15 号、20 号、24 号立地类型穴施量为 9～10t/hm^2；3 号、7 号、12 号、16 号、21 号、25 号立地类型穴施量为 7～8t/hm^2。牛羊粪配制比例为 1：2。

4. 小结

通过对施用有机肥土壤改良效果分析，得出以下几个结论。

(1) 不同沙化类型沙化土地进行不同方式施肥以后植被盖度较对照提高 50.0%以上，

平均高度较对照提高 35.3%以上，成活率提高 22.5%以上。

（2）牛羊粪不仅提供全面营养，而且肥效长，一般施用一次三年有效，可在三年后继续施用，持续增加肥力。施用牛羊粪有机肥在川西北沙化土地具有良好的土壤改良效果，可以作为川西北高寒区沙化土地土壤改良的推广技术。

4.2.3 客土土壤改良技术

客土是土壤改良的一种重要手段。川西北高寒地区植被以高原草甸、沼泽植被为主，广泛发育了高原草甸土、高原沼泽土、高原泥炭土等。修建公路等工程措施弃置的表层草甸土，可用于高寒沙地沙化土壤改良材料。川西藏区泥炭土储量丰富，其他建筑资源匮乏，藏民弃置的泥炭土围墙可用于高寒沙地沙化土壤改良材料。

泥炭土（peat soil）指在某些河湖沉积低平原及山间谷地中，由于长期积水，水生植被茂密，在缺氧情况下，大量分解不充分的植物残体积累并形成泥炭层的土壤。施用以水分和有机质为主的泥炭，可以增加沙土黏性，显著改善土壤理化性质。

草甸土指发育于地势低平、受地下水或潜水的直接浸润并生长草甸植物的土壤，属半水成土。其主要特征是有机质含量较高，腐殖质层较厚，土壤团粒结构较好，水分较充分。

1. 客土土壤改良试验设计

在理塘县 2009 年度省级沙化治理试点区内，取修建公路废弃的草甸土和废弃泥炭土墙作为客土原料，于试点区流动沙地进行客土试验：在围栏、挡沙墙、沙障、牛羊粪固沙（施用牛羊粪、客土）、鼠虫害防治的基础上，采用灌、草结合的方式进行治理，点播白刺花，沟内撒播披碱草，对照 CK 仅在牛羊粪固沙中去掉客土部分，其他部分不变。具体用量见表 4.7。

表 4.7   客土试验设计   （单位：m³/hm²）

客土类型	客土量
草甸土	300～350
泥炭土	250～300
CK	0

2. 客土土壤改良试验结果与分析

2014 年 7 月对理塘县 2009 年度省级沙化治理试点区流动沙地地上植被生长情况进行调查，数据见表 4.8。

表 4.8   客土试验后植被变化

客土类型	植被盖度(%)	植被平均高度(cm)	植被成活率(%)
草甸土	55～70	45～55	80～85
泥炭土	60～70	45～50	85～90
CK	20～25	20～30	50～60

调查发现客土后流动沙地上植被成活率明显高于对照未客土流动沙地,植被盖度、平均高度均高于对照。客草甸土后植被盖度较对照提高 177.8%以上,平均高度提高 90.0%以上,成活率提高 50.0%以上。客泥炭土后植被盖度较对照提高 188.9%以上,平均高度提高 90.0%以上,成活率提高 59.1%以上。

这与孟宪民等(2000)对泥炭资源农业利用现状的总结中的研究结果相符,泥炭在国内外被广泛用作有机肥,有机质和腐殖质含量较高,同时具有植物生长所需的 N、P、K 和微量元素。草甸土为本土肥沃土壤,为沙化土地向天然草地演替提供了养分基础。

3. 客土土壤改良技术要点

为了维护和增加土壤肥力,保持牧草养分平衡,促进牧草旺盛生长,应在流动沙地中客泥炭土、草甸土,增加土壤黏粒含量,改善土壤结构,提高土壤治理。

(1)客土材料。根据川西北当地的特点,客土的材料主要有草甸土和泥炭。草甸土主要来源于修建公路等工程实施后弃置的表层草甸土,其有机质含量较高,腐殖质层较厚,土壤团粒结构较好;泥炭主要来源于废弃泥炭土墙等,可以增加沙土黏性,显著改善土壤理化性质。

(2)客土用量。草甸土施用量以 $300\sim350m^3/hm^2$ 为宜,泥炭土施用量以 $250\sim300m^3/hm^2$ 为宜。客土后草甸土或泥炭土的厚度在 $2.5\sim3.5cm$。

(3)材料准备与运输。收集本地或邻近县域的草甸土和泥炭,采用人工或机械进行装车。将材料用布等材料进行遮盖,防止洒落。根据沙地需用量进行下车,减少二次转运量。

(4)客土时间。在灌木栽植或播种牧草前根据不同的施用量将草甸土或泥炭施入沙地中。

(5)客土方法。客土时首先将草甸土或泥炭按材料粗细分为块状物或粉末状物。先将粉末状物按照施用量撒施入沙地内,然后将块状物按方格状或带状进行铺设,形成类似沙障的效果。

(6)适宜立地类型。客土的立地类型有 2 号、6 号、11 号、15 号、20 号、24 号六种极重度沙化高山草甸土立地类型,都是植被覆盖度小于 10%的极重度流动沙地。

4. 小结

通过客土(泥炭土、草甸土)可以改变土壤理化性质,从而提高地上植被生长情况。植被盖度、平均高度均高于对照。客草甸土后植被盖度较对照提高 177.8%以上,平均高度提高 90.0%以上,成活率提高 50.0%以上。客泥炭土后植被盖度较对照提高 188.9%以上,平均高度提高 90.0%以上,成活率提高 59.1%以上。川西北高寒区沙化土地土壤改良的推广技术,在客土资源充足的区域进行推广。

4.2.4　栽植植物改良土壤技术

栽植植物改良土壤,尤其是栽植固氮乔灌木是川西北高寒沙地最常用的土壤改良方式。通过栽植植物,随着植物的生长,土壤结构逐步改善,土壤水分和养分得到一定固持。栽植植物一般选用具有固氮作用的植物或者其他乡土树种、草种,由于川西北乡土固氮植物匮乏，应用性不强等特性，川西北高寒沙地栽植植物主要为乔灌木树种中的乡土树种云杉、康定柳等。

通过栽植乡土乔灌木树种，撒播牧草，地表逐渐形成土壤生物结皮。对川西北高寒沙地试点县若尔盖县进行典型样地调查，摸清生物结皮形成及分布规律，进而分析川西北高寒沙地栽植植物形成生物结皮对土壤的改良效果，探讨生物结皮的存在对土壤化学性质的影响。

1. 生物结皮形成及分布规律研究

在若尔盖县沙化治理工程中，选取 20 世纪 70 年代沙化治理区、1996 年的沙化治理区、2007 年的沙化治理区、2008 年的沙化治理区、2010 年的沙化治理区、2011 年的沙化治理区等六个区域，分别针对流动沙丘的上中下部、半固定沙地和固定沙地等五个沙化类型，其中 1970 年代沙化治理区、1996 年的沙化治理区针对流动沙丘的上中下部三个类型，选择典型样地 81 个，详见表 4.9。

表 4.9　调查样地统计表

治理区设计年度	治理前沙化类型					
	露沙地	固定沙地	半固定沙地	流动坡上	流动坡中	流动坡下
20 世纪 70 年代	—	—	—	3	3	3
1996	—	—	—	—	—	3
2007	3	3	3	3	3	3
2008	3	3	3	3	3	3
2010	3	—	3	3	3	3
2011	3	3	3	3	3	3
小计	12	9	12	15	15	18
合计	81					

2004 年 5～9 月对沙化治理实施 40 年、18 年、7 年、6 年、4 年、3 年后的样地进行生物结皮调查和植被调查。

生物结皮的形成受地形因素、植被因素和人为因素的影响。调查发现 81 块样地中，共在 24 块样地中发现生物结皮(表 4.10)。

表 4.10　生物结皮出现统计表

治理年度	治理前沙化类型					
	露沙地	固定沙地	半固定沙地	流动坡上	流动坡中	流动坡下
20 世纪 70 年代	—	—	—	1	3	3
1996	—	—	—	—	—	3
2007	3	3	3	—	—	—
2008	2	—	—	—	—	—
2010	3	—	—	—	—	—

续表

治理年度	治理前沙化类型					
	露沙地	固定沙地	半固定沙地	流动坡上	流动坡中	流动坡下
2011	—	—	—	—	—	—
小计	8	3	3	1	3	6
合计			24			

1）生物结皮类型

根据对六个年度沙化治理区的外业调查发现，若尔盖县沙化治理土地在围封较好状态下已初步形成降尘结皮，在治理年度较长、沙地固定地区形成以苔藓结皮和地衣结皮为主的高阶生物结皮，见图4.7、图4.8。

(a)　　　　　　　　　　　　　　　(b)

(c)

图 4.7　苔藓结皮

图 4.8　苔藓结皮雏形

2) 生物结皮形成与沙化类型、治理年限的关系

治理 4 年后（2010 年沙化治理试点区）露沙地水分条件较好的阴坡出现极小部分的斑点状苔藓结皮和地衣结皮。

治理 7 年后（2007 年沙化治理试点区）露沙地以阴坡和半阴坡出现生物结皮为主，较大面积出现斑点状苔藓结皮；同时，干扰较小，管护好的固定沙地和半固定沙地形成斑点状苔藓结皮雏形。

治理 18 年后（1996 年沙化治理试点区）流动沙地康定柳林带下沙地得到有效固定，地表形成较大面积斑块状苔藓结皮，结皮厚度约 1cm；非康定柳灌丛的草地下形成小于 1cm 厚的苔藓结皮。

治理 40 年后（20 世纪 70 年代沙化治理试点区）流动沙地康定柳林带下沙地得到有效固定，地表形成大面积块状苔藓结皮，且结皮厚度 1～2cm（图 4.9）。非康定柳灌丛的草地下形成厚约 1cm 的苔藓结皮。

图 4.9　若尔盖县 20 世纪 70 年代治理区苔藓结皮

从若尔盖沙化试点区调查发现，川西北高寒沙地若尔盖沙化土地上露沙地阴坡阴湿环境下在沙化治理 4 年后（2010 年治理沙地）出现苔藓结皮；沙化治理 7 年后（2007 年治理沙地）管护较好的固定沙地和半固定沙地形成苔藓结皮雏形。刘立超等（2005）研究发现沙坡头沙区 2～10 年内仅形成降尘结皮（表 4.11），川西北沙区演替较沙坡头沙区快。这可能是因为川西北地区降雨大于沙坡头地区，为生物结皮的形成提供良好的水湿条件。

表 4.11　沙坡头沙区生物结皮类型的基本特征

结皮种类	基本特点	备注
降尘结皮	呈灰白色硬壳状，降雨后可能出现褐色斑点，容易破碎	在封育区一般发育为 2～10 年；如果封育措施失败，在人工植被建立 20 年以后，仍然可能以降尘结皮为主
藻结皮	颜色以黑色为主，比较容易破碎。厚度一般为 2～3.5mm，结皮下面的亚表层厚度为 4～6cm，其粒径明显小于流沙	自封育的人工植被建立 10～20 年后开始发育，以藻类为主，土壤有机质明显增加
苔藓结皮	厚度明显增加，达到 8～20mm，雨季呈深绿色，旱季呈黑色和褐色，柔韧性较好，不易破碎	是沙坡头人工植被区目前结皮发育的最好状态，是 1956 年和 1964 年封育的人工植被区的主要分布形式

沙化治理 18 年后(1996 年治理沙地)流动沙地和沙化治理 40 年后(20 世纪 70 年代治理沙地)流动沙地康定柳灌丛生物结皮形成规模和厚度都优于非康定柳灌丛下生物结皮，说明植灌有利于生物结皮的形成。

3)生物结皮形成与地形因素的关系

(1)坡向

生物结皮形成受多种因素影响，坡向是重要因素之一。不同坡向因光照情况不同存在差异，保水保肥性能有差异。生物结皮主要形成于保水性能较好的阴坡。治理 4 年后(2010 年治理沙地)露沙地苔藓结皮和地衣结皮仅存活于阴坡处。其他年度以阴坡为主，少数在半阳坡。仅在治理 40 年后(20 世纪 70 年代治理沙地)半阳坡样地中发现一处生物结皮，其余均出现在阴坡，半阴坡(表 4.12)。

表 4.12　生物结皮不同坡向形成统计表

治理年度	治理前沙化类型											
	露沙地		固定沙地		半固定沙地		流动坡上		流动坡中		流动坡下	
	阴坡	半阳坡	阴坡	半阳坡	阴坡	半阳坡	阴坡	半阳坡	阴坡	半阳坡	阴坡	半阳坡
20 世纪 70 年代	—	—	—	—	—	—	1	—	3	—	2	1
1996	—	—	—	—	—	—	—	—	—	—	3	0
2007	3	—	3	—	3	—	—	—	—	—	—	—
2008	2	—	—	—	—	—	—	—	—	—	—	—
2010	3	—	—	—	—	—	—	—	—	—	—	—
2011	—	—	—	—	—	—	—	—	—	—	—	—
小计	8	0	3	0	3	0	1	0	3	0	5	1
合计	24											

(2)坡位

坡位越高，土壤越瘠薄，保水、保肥性能越差，生物结皮形成越困难。通过对治理 40 年后(20 世纪 70 年代沙化治理试点区)的调查发现(表 4.12)，坡体下部苔藓结皮面积大，厚度 1～2cm；坡体中部苔藓结皮面积减小，厚度约 1cm；坡体中上部仅有斑点状苔藓结皮存在，且数量较少；坡体上部无生物结皮形成。

（3）坡度

通过对治理 40 年后（20 世纪 70 年代沙化治理试点区）的调查发现，在坡度较小的坡体中下部苔藓结皮成块状存在，厚度 1～2cm；在坡度较大的坡体中上部仅有斑点状苔藓结皮存在，且数量较少。

（4）植物

治理 18 年后（1996 年沙化治理试点区）流动沙地形成高约 3.5m，胸径约 6cm 的康定柳防风林带，林带下形成较大面积斑块状苔藓结皮，结皮厚度约 1cm；非康定柳灌丛的草地下形成小于 1cm 厚的苔藓结皮，且裸露沙面减少（表 4.13）。

表 4.13 生物结皮与植被关系表

治理年度	指标	康定柳长势描述	康定柳灌丛下	非康定柳灌丛下
20 世纪 70 年代	康定柳长势	高约 7m，胸径约 25cm		
	生物结皮面积		大面积	较大面积
	生物结皮厚度		1～2cm	1cm
1996 年	康定柳长势	高约 3.5m，胸径约 6cm		
	生物结皮面积		较大面积	零星
	生物结皮厚度		1cm	小于 1cm

治理 40 年后（20 世纪 70 年代沙化治理试点区）流动沙地形成高约 7m，胸径约 25cm 的康定柳防风林带，林带下形成大面积块状苔藓结皮，结皮厚度 1～2cm。非康定柳灌丛的草地下形成厚约 1cm 的苔藓结皮，且裸露沙面减少（表 4.13）。

调查表明，两个年度流动沙地康定柳灌丛下生物结皮形成规模和厚度都优于非康定柳灌丛下生物结皮，说明栽植植物有利于生物结皮的形成，只有在流动沙地固定以后才能形成大面积生物结皮。这可能是因为以康定柳为主的成熟灌木林下光照到达地面强度小，近地面风速小，保水保肥性能好，生物结皮易大面积生长于康定柳等灌木下；同时，盖度高的恢复草地，同样能形成部分阴湿环境适合生物结皮生长。

4）小结

（1）若尔盖沙化治理土地在沙地固定地区形成以苔藓结皮和地衣结皮为主的高阶生物结皮。

（2）影响川西北生物结皮形成及分布的主要因素有植被类型、地形因素和治理年限，人为干扰也是重要的影响因素。

（3）川西北高寒若尔盖地区生物结皮主要形成在水分条件较好的阴坡和半阴坡，并且随着坡位的增高而减少，随着坡度的增加而减少。

（4）流动沙地康定柳灌丛生物结皮形成规模和厚度都优于非康定柳灌丛下生物结皮，说明植灌有利于生物结皮的形成，只有在流动沙地固定以后才能形成大面积生物结皮。

2. 形成生物结皮改良土壤化学性质的研究

在大面积形成高阶段苔藓生物结皮区域流动沙丘不同部位选取有生物结皮和无生物结皮的类型共采集土样 27 个，其中坡下和坡中有结皮，坡上无结皮（表 4.14）。

表 4.14　取土样统计表

土层(cm)	坡位		
	坡上	坡中	坡下
0~5	3	3	3
5~10	3	3	3
10~20	3	3	3
合计		27	

根据对沙化治理区土样测定分析，得到数据见表 4.15。

表 4.15　形成生物结皮改良土壤技术后土壤化学性质分析

	土层	有机质 (g/kg)	全 N (g/kg)	全 P (g/kg)	全 K (g/kg)	速效 N (mg/kg)	速效 P (mg/kg)	速效 K (mg/kg)
坡下	0~5	31.90	1.58	0.46	11.21	158.60	4.83	188.40
	5~10	21.96	1.07	0.37	10.81	122.60	2.65	87.44
	10~20	10.24	0.70	0.32	10.5	58.64	2.10	77.76
坡中	0~5	8.37	0.59	0.33	10.69	49.28	2.67	116.70
	5~10	7.58	0.59	0.33	10.65	45.67	2.09	103.50
	10~20	6.79	0.57	0.32	10.45	36.58	1.44	81.76
坡上	0~5	6.08	0.41	0.31	10.41	33.34	1.12	62.82
	5~10	5.72	0.38	0.29	10.32	33.07	0.36	56.27
	10~20	4.30	0.38	0.28	10.19	32.73	0.30	54.04

1）对土壤有机质的影响

如图 4.10 所示，坡下、坡中、坡上 0~20cm 土壤有机质的平均值为 21.37g/kg、7.58g/kg、5.37g/kg，坡中、坡下较坡上增加了 41.2%、298.1%，其中，土壤结皮厚度及规模为坡下＞坡中＞坡上，说明土壤有机质含量和土壤结皮厚度和规模成正比，生物结皮的存在可以提高土壤有机质含量。

同一坡位随着土层的增加，土壤有机质含量逐渐减少，0~5cm 土壤＞5~10cm 土壤＞10~20cm 土壤。坡下 0~5cm 土壤、5~10cm 土壤较 10~20cm 土壤有机质含量增加了 211.5% 和 114.5%；坡中 0~5cm 土壤、5~10cm 土壤较 10~20cm 土壤有机质含量增加了 23.3% 和 11.6%；坡上 0~5cm 土壤、5~10cm 土壤较 10~20cm 土壤有机质含量增加了 41.4%

和 33.0%。说明土壤有机质增加主要在 0～5cm 表层土。

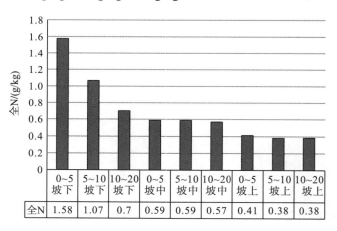

	0～5 坡下	5～10 坡下	10～20 坡下	0～5 坡中	5～10 坡中	10～20 坡中	0～5 坡上	5～10 坡上	10～20 坡上
有机质	31.9	21.96	10.24	8.37	7.58	6.79	6.08	5.72	4.3

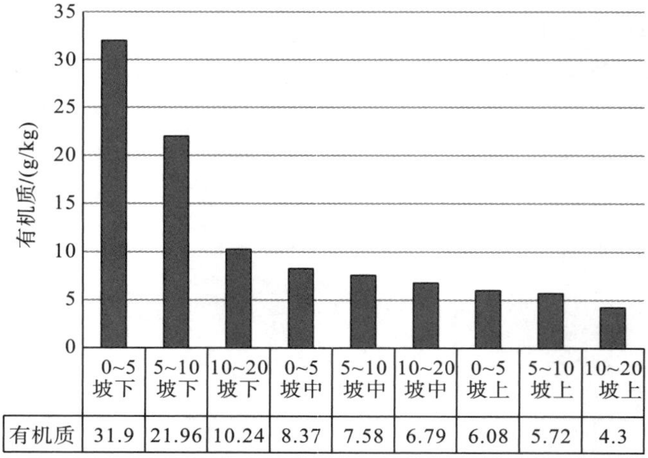

图 4.10　生物结皮对土壤有机质的影响

2) 对土壤全 N、全 P、全 K 的影响

如图 4.11 所示,土壤全 N 含量为坡下＞坡中＞坡上。坡下、坡中、坡上 0～20cm 土壤全 N 的平均值为 1.12g/kg、0.58g/kg、0.39g/kg,坡中、坡下较坡上增加了 49.6%和 186.3%。

	0～5 坡下	5～10 坡下	10～20 坡下	0～5 坡中	5～10 坡中	10～20 坡中	0～5 坡上	5～10 坡上	10～20 坡上
全N	1.58	1.07	0.7	0.59	0.59	0.57	0.41	0.38	0.38

图 4.11　生物结皮对土壤全 N 特性的影响

同一坡位随着土层的增加,土壤全 N 含量逐渐减少,0～5cm 土壤＞5～10cm 土壤＞10～20cm 土壤。坡下 0～5cm 土壤、5～10cm 土壤较 10～20cm 土壤全 N 含量增加了 125.7%和 52.9%;坡中 0～5cm 土壤、5～10cm 土壤较 10～20cm 土壤全 N 含量增加了 3.5%和 3.5%;坡上 0～5cm 土壤、5～10cm 土壤较 10～20cm 土壤全 N 含量增加了 7.9%和 0;说明土壤全 N 增加主要在 0～5cm 表层土。

如图 4.12 所示,土壤全 P 含量为坡下＞坡中＞坡上。坡下、坡中、坡上 0～20cm 土壤全 P 的平均值为 0.38g/kg、0.33g/kg、0.29g/kg,坡中、坡下较坡上增加了 11.4%和 30.7%。

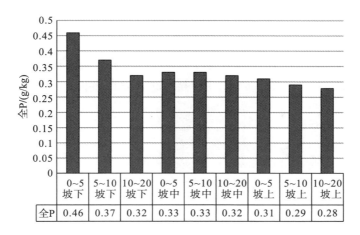

图 4.12　生物结皮对土壤全 P 的影响

　　同一坡位随着土层的增加，土壤全 P 含量逐渐减少，0～5cm 土壤＞5～10cm 土壤＞10～20cm 土壤。坡下 0～5cm 土壤、5～10cm 土壤较 10～20cm 土壤全 P 含量增加了 43.8%和 15.6%；坡中 0～5cm 土壤、5～10cm 土壤较 10～20cm 土壤全 P 含量增加了 3.1%和 3.1%；坡上 0～5cm 土壤、5～10cm 土壤较 10～20cm 土壤全 P 含量增加了 10.7%和 3.6%。说明土壤全 P 增加主要在 0～5cm 表层土。

　　如图 4.13 所示，土壤全 K 含量：坡下＞坡中＞坡上。坡下、坡中、坡上 0～20cm 土壤全 K 的平均值为 10.84g/kg、10.60g/kg、10.31g/kg，坡中、坡下较坡上增加了 2.8%和 5.2%。

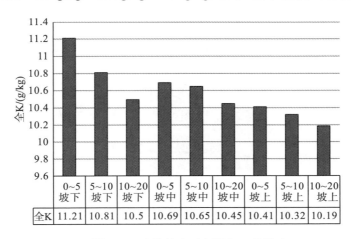

图 4.13　生物结皮对土壤全 K 的影响

　　同一坡位随着土层的增加，土壤全 K 含量逐渐减少，0～5cm 土壤＞5～10cm 土壤＞10～20cm 土壤。坡下 0～5cm 土壤、5～10cm 土壤较 10～20cm 土壤全 K 含量增加了 6.8%和 3.0%；坡中 0～5cm 土壤、5～10cm 土壤较 10～20cm 土壤全 K 含量增加了 2.3%和 1.9%；坡上 0～5cm 土壤、5～10cm 土壤较 10～20cm 土壤全 K 含量增加了 2.2%和 1.3%。说明土壤全 K 增加幅度较小，主要在 0～5cm 表层土。

3) 对土壤速效 N、速效 P、速效 K 的影响

如图 4.14 所示，土壤速效 N 含量为坡下＞坡中＞坡上。坡下、坡中、坡上 0～20cm 土壤速效 N 的平均值为 113.28mg/kg、43.84mg/kg、33.05mg/kg，坡中、坡下较坡上增加了 32.7% 和 242.8%。

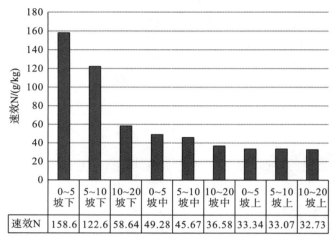

	0~5 坡下	5~10 坡下	10~20 坡下	0~5 坡中	5~10 坡中	10~20 坡中	0~5 坡上	5~10 坡上	10~20 坡上
速效N	158.6	122.6	58.64	49.28	45.67	36.58	33.34	33.07	32.73

图 4.14   生物结皮对土壤速效 N 的影响

同一坡位随着土层的增加，土壤速效 N 含量逐渐减少，0～5cm 土壤＞5～10cm 土壤＞10～20cm 土壤。坡下 0～5cm 土壤、5～10cm 土壤较 10～20cm 土壤速效 N 含量增加了 170.5% 和 109.1%；坡中 0～5cm 土壤、5～10cm 土壤较 10～20cm 土壤速效 N 含量增加了 34.7% 和 24.8%；坡上 0～5cm 土壤、5～10cm 土壤较 10～20cm 土壤速效 N 含量增加了 1.9% 和 1.0%。说明土壤速效 N 增加主要在 0～5cm 表层土。

如图 4.15 所示，土壤速效 P 含量为坡下＞坡中＞坡上。坡下、坡中、坡上 0～20cm 土壤速效 P 的平均值为 3.19mg/kg、2.07mg/kg、0.59mg/kg，坡中、坡下较坡上增加了 248.1% 和 437.9%。

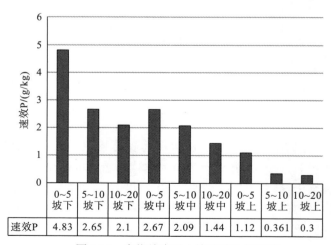

	0~5 坡下	5~10 坡下	10~20 坡下	0~5 坡中	5~10 坡中	10~20 坡中	0~5 坡上	5~10 坡上	10~20 坡上
速效P	4.83	2.65	2.1	2.67	2.09	1.44	1.12	0.361	0.3

图 4.15   生物结皮对土壤速效 P 的影响

同一坡位随着土层的增加，土壤速效 P 含量逐渐减少，0～5cm 土壤＞5～10cm 土壤＞10～20cm 土壤。坡下 0～5cm 土壤、5～10cm 土壤较 10～20cm 土壤速效 P 含量增加了130.0%和 26.2%；坡中 0～5cm 土壤、5～10cm 土壤较 10～20cm 土壤速效 P 含量增加了85.4%和 45.1%；坡上 0～5cm 土壤、5～10cm 土壤较 10～20cm 土壤速效 P 含量增加了273.3%和 20.3%。说明土壤速效 P 增加主要在 0～5cm 表层土。

如图 4.16 所示，土壤速效 K 含量为坡下＞坡中＞坡上。坡下、坡中、坡上 0～20cm土壤速效 K 的平均值为 117.87mg/kg、100.65mg/kg、57.71mg/kg，坡中、坡下较坡上增加了 74.4%和 104.2%。

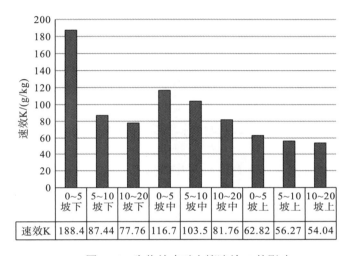

	0～5 坡下	5～10 坡下	10～20 坡下	0～5 坡中	5～10 坡中	10～20 坡中	0～5 坡上	5～10 坡上	10～20 坡上
速效K	188.4	87.44	77.76	116.7	103.5	81.76	62.82	56.27	54.04

图 4.16　生物结皮对土壤速效 K 的影响

同一坡位随着土层的增加，土壤速效 K 含量逐渐减少，0～5cm 土壤＞5～10cm 土壤＞10～20cm 土壤。坡下 0～5cm 土壤、5～10cm 土壤较 10～20cm 土壤速效 K 含量增加了142.3%和 12.4%；坡中 0～5cm 土壤、5～10cm 土壤较 10～20cm 土壤速效 K 含量增加了42.7%和 26.6%；坡上 0～5cm 土壤、5～10cm 土壤较 10～20cm 土壤速效 K 含量增加了16.2%和 4.1%。说明土壤速效 K 增加主要在 0～5cm 表层土。

4）小结

（1）通过栽植植物形成生物结皮改良土壤后，生物结皮的存在可以提高土壤有机质含量，较非结皮土地土壤有机质增加 41.2%以上。同一坡位随着土层的增加，土壤有机质含量逐渐减少，土壤有机质增加主要在 0～5cm 表层土。

（2）生物结皮的存在同样可以提高土壤全 N、全 P、全 K 和速效 N、速效 P、速效 K含量，且主要集中在 0～5cm 表层土，其中全 N 和速效 N、速效 P、速效 K 增量较对照增加一倍以上。

3. 栽植植物-形成生物结皮-改良土壤技术的提出

通过调查发现生物结皮大面积形成主要分布在栽植植物地区，即康定柳林带下，成熟灌木林下光照到达地面强度小，近地面风速小，保水保肥性能好，为生物结皮的形成提供了良好的生长条件。同时，随着生物结皮的生长，地表露沙面积减少，微生物活性增强，土壤固持养分能力增强，土壤有机质、全效养分和速效养分增加显著，沙化土地林草植物逐渐正向演替。

通过栽植植物，为土壤生物结皮形成提供良好的条件，生物结皮的形成改良了川西北高寒沙地土壤，创造性提出栽植植物-形成生物结皮-改良土壤技术，为川西北高寒沙地林草植物恢复提供创新性土壤改良技术，加快林草植物恢复速度。

4. 栽植植物改良土壤技术要点

为了增加土壤肥力，增高土壤中 N 元素的供给，提高固沙植物生长速度，增加生物结皮形成规模，应选择适合川西北高寒沙地的固氮植物或者根系发达的乡土乔灌木。

（1）材料选择。选择适合川西北高寒沙地的固氮植物或者根系发达的乡土乔灌木，适于推广的豆科植物锦鸡儿属、黄芪属、棘豆属和非豆科植物沙棘属，根系发达的乡土植物以康定柳为主。

（2）栽植方式。根据植物的生物学特性，固氮植物的栽植方式主要有播种、移栽或扦插栽植等。

（3）栽植时间。高寒沙区以 3 月底至 4 月中为宜。若时间太早，土壤未解冻，不利于播种或栽植；若时间过迟，种苗生长物候期太短，未充分木质化，不利于存活。

（4）栽植方法。详见第 6 章主要乔灌木栽植技术要点。

（5）管护措施。进行围栏封育、人工巡护等措施，减少人为干扰。

4.3　结论

（1）川西北高寒区土壤机械组成分析结果显示该区域土壤呈现砂粒含量高、黏粒含量低的特点，砂粒含量随着沙化程度的加重而增加（流动沙地高达 96.10%，与北方典型沙区的砂粒含量接近）。土壤养分流失严重，说明地表植被一旦破坏，极易出现沙化，表明了区域沙化的地质因素，因此该区域的沙化治理应坚持"预防为主、防治结合"的原则。

（2）通过若尔盖县施有机肥土壤改良后，不同沙化类型的沙化土地进行不同方式施肥（牛羊粪）以后植被盖度较对照提高了 50.0%以上，平均高度较对照提高 35.3%以上，成活率提高 22.5%以上。施牛羊粪有机肥可以作为川西北高寒区沙化土地土壤改良的推广技术。

（3）通过理塘县客土土壤改良后，客土可以改变土壤的理化性质，从而提高地上植被生长情况。客草甸土后植被盖度较对照提高 177.8%以上，平均高度提高 90.0%以上，成活率提高 50.0%以上。客泥炭土后植被盖度较对照提高 188.9%以上，平均高度提高 90.0%以上，成活率提高 59.1%以上。

（4）通过若尔盖县栽植植物-形成生物结皮-改良土壤后，可以形成大面积苔藓结皮。生物结皮的存在可以提高土壤有机质含量，较非结皮土壤有机质增加 41.2%以上；提高土壤全 N、全 P、全 K 和速效 N、速效 P、速效 K 含量，且主要集中在 0～5cm 表层土，其中全 N 和速效 N、速效 P、速效 K 含量较对照增加一倍以上（表 4.16）。栽植植物可以作为川西北高寒区沙化土地土壤改良的推广技术。

（5）首次创造性地提出了栽植植物-形成生物结皮-改良土壤技术，为川西北高寒沙地林草植物恢复提供了创新性土壤改良技术，加快林草植物恢复速度。

表 4.16　川西北高寒沙地土壤改良技术特点及成效一览表

序号	改良技术	主要特点	改良成效
1	施用有机肥土壤改良	易就近获得材料，具有较高的养分含量，肥效持久，养分速效性差，且牛羊粪中含有植物种子	不同沙化类型沙地在不同方式施肥后植被盖度较对照提高 50.0%以上，平均高度较对照提高 35.3%以上，成活率提高 22.5%以上
2	客土土壤改良	泥炭土和草甸土养分丰富，仅适宜于弃置草甸土、泥炭土资源充足的区域	①客草甸土后植被盖度较对照提高 177.8%以上，平均高度提高 90.0%以上，成活率提高 50.0%以上；②客泥炭土后植被盖度较对照提高 188.9%以上，平均高度提高 90.0%以上，成活率提高 59.1%以上
3	栽植植物改良土壤	一般选用具有固氮植物或者其他乡土树种、草种，有利于生物结皮的形成，但也易受植被类型、坡向、治理年限及人为干扰的影响	①栽植植物有利于生物结皮的形成；②通过栽植植物形成生物结皮改良土壤后，主要在 0~5cm 表层土上有机质增加41.2%以上，全 N 和速效 N、速效 P、速效 K 增加 100%以上

第 5 章　川西北高寒流动沙地固定技术研究

流动沙地是植被盖度不高于 10%，风沙活动强烈，地表沙物质处于流动状态的沙化土地。其以风沙土为主，在风的作用下向四周扩散，是沙化土地中最活跃的地带，对草场等造成严重的危害。在传统的生物措施治理中，由于风蚀、沙埋、沙割等作用，经常扰动沙地生境，不利于许多植物在流沙上"定居"。因此，在流动沙地治理中，必须首先进行工程治沙，采用多种形式的障碍物来加固表面，削弱近地表的风力，阻挡风沙流的运行速度，改变立地条件，使得当地的土壤结构、水分状况等都发生了一定的变化，为进一步植物固沙措施创造条件。

在工程治沙中，这些障碍物通常称为沙障。沙障是为控制地表风沙运动，防止风沙危害，采用材料在流动沙面上设置的障蔽物，以此来控制风沙流的方向、速度、结构，改变蚀积状态，保护目的植物成活和生长，达到防风阻沙、改变风的作用力及地貌状况等目的。按照选择材料在设置后能否繁殖，将其划分为生物沙障和机械沙障。

通过野外调查和试验，对川西北高寒沙地治理中固定流动沙地的各类型沙障进行了一系列技术研究，并采用近地表风速测定、输沙量测定、植物物种组成和多样性分析的方法，对其固定流沙效果进行研究，筛选出柳条生物沙障，竹帘、沙袋、草帘机械沙障和生态毯等几种适宜川西北流动沙地固定的技术。

5.1　柳条生物沙障营建技术研究

川西北地区若尔盖县、红原县等广泛分布着康定柳等柳科柳属灌木，因其具有抗寒、耐旱、抗风蚀、耐沙埋等特点，且扦插成活率较高，是非常宝贵的植物沙障设置材料。2007 年以来在川西北沙化土地流动沙地治理中，大量采用柳条设置沙障，起到了很好的固沙作用（蒙嘉文等，2013）。本研究通过对川西北高寒流动沙地中柳条沙障固沙技术进行调查，同时对在流动沙地典型区域的柳条沙障对近地表风速、输沙量和植被恢复的影响进行研究，得出适宜川西北高寒流动沙地柳条生物沙障营建技术。

5.1.1　研究地点及方法

对阿坝州若尔盖县、红原县、阿坝县、壤塘县和甘孜州理塘县、色达县、稻城县等县历年实施川西北防沙治沙试点示范工程中流动沙地柳条沙障固沙技术进行野外调查。同时在具有典型代表性的若尔盖县流动沙地进行试验研究，实验区位于辖曼乡当彭。选择具有典型代表性的迎风坡，采取方格状柳条沙障流动沙地作为试验样地，并选择邻近迎风坡未采取沙障措施的流动沙地作为对照样地，2014 年 6～8 月对其进行近地表风速和输沙量测定，同时设置样方对地表植被进行调查，研究其治理成效。

若尔盖县辖曼乡当彭地理坐标为东经 102°30′，北纬 33°45′，海拔 3550m。地形为高原丘状区，属高原寒冷地区。气候特点为长冬无夏，春秋短，寒冷干燥，日照强烈，昼夜温差大，无绝对无霜期，年平均气温 0.7℃，最高 24.6℃，最低-33.7℃，年平均风速 2.5m/s，最大风速 35m/s，年平均降水量 657mm，蒸发量 1212.7mm。

5.1.2　试验结果

1. 柳条沙障对流动沙地近地表风速的影响

不同处理时 0m 高度风速相对于 1m 高度风速降低幅度不同，无沙障沙地平均降低 16.29%；有沙障平均降低 80.80%，远远高于前者。同时，在有沙障沙地中，距离沙障 0cm 处平均降低 80.80%，距离沙障 20cm 处平均降低 76.43%，距离沙障 50cm 处平均降低 70.55%，距离沙障 100cm 处平均降低 63.73%，呈现出随着距离沙障越远，平均降低越少的趋势（表 5.1）。

表 5.1　柳条沙障近地表瞬时风速表

序号	随机抽样值	流动沙地	离沙障水平距离			
			0cm	20cm	50cm	100cm
1	v_1/v_2	0.86	0.19	0.25	0.40	0.62
	降低百分比(%)	14.05	80.55	75.26	61.20	38.36
2	v_1/v_2	0.84	0.18	0.21	0.31	0.35
	降低百分比(%)	15.82	82.10	78.32	69.03	64.57
3	v_1/v_2	0.84	0.17	0.20	0.25	0.27
	降低百分比(%)	16.36	83.05	79.97	75.45	72.66
4	v_1/v_2	0.84	0.21	0.27	0.29	0.35
	降低百分比(%)	16.07	79.09	73.22	70.57	64.79
5	v_1/v_2	0.79	0.24	0.29	0.32	0.37
	降低百分比(%)	20.84	75.72	70.50	68.05	63.28
6	v_1/v_2	0.83	0.15	0.18	0.21	0.26
	降低百分比(%)	17.13	85.09	81.86	78.90	74.44
7	v_1/v_2	0.86	0.20	0.24	0.29	0.32
	降低百分比(%)	13.77	79.99	75.88	70.63	68.05
平均	v_1/v_2	0.84	0.19	0.23	0.30	0.36
	降低百分比(%)	16.29	80.80	76.43	70.55	63.73

注：v_1 指距离地面 0m 高度时的风速，v_2 指距离地面 1m 高度时的风速。

2. 柳条沙障对流动沙地近地表输沙量的影响

无沙障沙地 I 在迎风面平均移动量为 2.9cm、背风面为 2.6cm，不同规格沙障沙地在迎风面移动量为 1.3～1.6cm，背风面为 0.2～1.0cm，表明流动沙地中沙障能有效阻缓沙的移动，且无沙障沙地迎风面和背风面差异不大，不同规格沙障沙地迎风面沙移动量大于背风面。不同规格沙障的流动沙地，2m×2m 沙障 II、3m×3m 沙障 III、2m×4m 沙障 IV 在迎风面和背风面平均移动量分别为 1.3cm、1.4cm、1.6cm 和 0.2cm、0.8cm、1.0cm，表明随沙障方格的增大，阻风挡沙能力随之降低，且迎风面沙的移动量大于背风面（表 5.2）。

表 5.2　不同坡面流沙移动量表

序号	迎风面				背风面			
	I	II	III	IV	I	II	III	IV
1	1.0	-2.7	-0.6	-0.8	-2.7	0.2	-0.5	-1.2
2	-0.5	-1.5	-1.1	-4.0	-1.5	0.0	-0.6	-1.0
3	1.8	-5.4	-0.4	-2.2	-5.4	0.0	-0.8	-1.5
4	1.6	-2.0	-2.5	-1.8	-2.0	-0.5	-0.9	-1.6
5	-0.5	-1.5	-1.0	-0.9	-1.5	-0.4	-0.8	-0.9
6	-4.0	1.0	-1.0	-1.0	1.0	-2.9	-0.9	-0.9
7	-2.7	-1.6	-0.7	1.0	-1.6	0.0	-1.1	-0.4
8	-2.0	0.0	-0.8	-1.5	-1.8	2.9	-0.3	-0.1
9	-8.0	3.0	-1.0	-0.8	-3.0	-1.0	-0.2	0.0
10	-10.0	0.0	-2.3	-1.0	-2.4	-0.2	-0.4	-0.3
平均	-2.9	-1.3	-1.4	-1.6	-2.6	-0.2	-0.8	-1.0

注：I 指对照，II 指 2m×2m 的沙障，III 指 3m×3m 的沙障，IV 指 2m×4m 的沙障。

3. 柳条沙障对地表植被的影响

（1）地表植物种类组成。在无沙障的流动沙地中，相比于一年生植物，多年生植物种占主要优势。一年生植物为种子繁殖，绳虫实（0.17）为主要优势种；多年生植物都表现出除了能生产种子进行有性繁殖外，根茎处还能产生根状茎进行克隆繁殖的特性，赖草（0.29）、青藏苔草（0.16）和黄帚橐吾（0.17）为主要的优势物种。在有沙障的流动沙地中，多年生植物种占主要优势，也具有以生产种子进行有性繁殖和产生根状茎进行克隆繁殖的特性，赖草（0.16）、青藏苔草（0.24）为主要的优势物种。一年生植物种多为以生产种子进行有性繁殖的物种，细叶西伯利亚蓼（0.12）和绳虫实（0.08）为主要优势物种，且在物种数上，一年生植物种明显多于多年生植物种（表 5.3）。

表 5.3　柳条沙障下地表植物种类组成

种 名	重要值		生活周期	繁殖方式
	流动沙地	柳条沙障		
赖草	0.29	0.16	p	s,a
黄帚橐吾	0.17	—	p	s,a
裂叶独活	—	0.07	a	s
圆齿狗娃花	—	0.03	a	s
楔叶委陵菜	0.09	—	p	s
白花枝子花	0.05	0.01	a	s
肉果草	—	0.01	a	s
二裂委陵菜	—	0.04	p	s,a

种 名	重要值		生活周期	繁殖方式
	流动沙地	柳条沙障		
细叶西伯利亚蓼	—	0.12	a	s
绳虫实	0.17	0.08	a	s
细果角茴香	—	0.06	a	s
聚头蓟	—	0.05	a	s
青藏苔草	0.16	0.24	p	s,a
露蕊乌头	—	0.07	a	s
滇川风毛菊	0.04	—	a	s
老芒麦	0.04	0.03	p	s,a
镰形棘豆	—	0.02	p	s
青海刺参	—	0.01	a	s

注：生活周期中 a 指一年生植物，p 指多年生植物；繁殖方式中 a 指克隆繁殖，s 指有性繁殖。

(2)地表植物多样性分析。有无沙障的流动沙地 Margalef 丰富度指数差异显著，分别为 3.04 和 1.52；Shannon-Wiener 多样性指数有沙障的流动沙地高于无沙障的流动沙地，分别为 2.31 和 1.87；Pielou 均匀度指数无沙障的流动沙地高于有沙障的流动沙地，差异不大，分别为 0.90 和 0.85；Simpson 优势度指数差异不大，有沙障的流动沙地高于无沙障的流动沙地，分别为 0.87 和 0.82（表 5.4）。

表 5.4　柳条沙障下地表植物多样性

类型	物种数	Shannon-Wiener 多样性指数	Simpson 优势度指数	Pielou 均匀度指数	Margalef 丰富度指数
流动沙地	8	1.87	0.82	0.90	1.52
柳条沙障	15	2.31	0.87	0.85	3.04

5.1.3　分析与讨论

1)柳条沙障对降低流动沙地近地表风速的作用

在高度一定的情况下，沙障的形状和大小直接影响沙障的防护效果（高永等，2004）。张瑞麟等(2006)对浑善达克沙地中黄柳沙障防风作用的研究表明，在流沙上设置沙障可以明显降低风速，减弱风的作用力，而且黄柳网格沙障降低风速的能力较带状沙障强。高永等(2004)对流动沙地中不同规格的沙柳沙障研究表明，相同高度的沙障，随着沙障规格的增大，其防护效果在逐渐减小。

本试验中，流动沙地中柳条沙障明显降低了风速，减弱了风的作用力，防风效果明显，同上面的观点相符合。同时对沙障后不同距离的风速测量表明，随着离沙障的距离越远，沙障降低风速的效果减弱，间接证明了随着沙障规格的增大，其防风效果减弱。柳条沙障的防风作用主要是通过沙障和枝条阻挡或减缓气流而实现的。一方面，当气流经过沙障或疏林时，在沙障和枝条的阻挡作用下，气流穿越沙障时的摩擦和引起枝条的摆动消耗了部分动能，从而风速减弱；另一方面，由于沙障及枝条的阻挡，气流形成无数不定的紊流，这些不同方向的紊流之力相互缓冲、抵消，使风力减弱或降低流动速度(范志平等，2002)。

2) 柳条沙障对减少流动沙地近地表输沙量的作用

沙粒无论以何种方式运动，都是以风为动力的，因此沙障的阻沙作用决定于它的防风性能，不同的防风固沙措施表现在它对近地层风速的减弱作用以及输沙量的减少(张瑞麟等，2006)。在本试验中，通过对无沙障沙地与有沙障的沙地中流沙的移动量的研究，表明流动沙地中柳条沙障能有效阻缓流沙的移动；同时对不同规格的沙障比较发现，随沙障方格的增大，阻风挡沙能力有降低的趋势。柳条沙障设置后，沙障起到有效降低风速的作用，同时随着柳桩的成活及生长，灌木分枝数增多，冠幅不断扩大，对风的遮挡作用也不断增强，其防护效益也在增加，削减了沙粒运动的动力，起到固沙的作用。

在相同风速条件下，同一位置，流动沙丘表面和沙柳沙障内近地表风沙流结构明显不同，由于沙障的作用，降低了近地表风速，使风沙流的结构发生了变化，与流沙相比相对含沙量主风方向大，背风方向小(高永等，2004)。在本试验中，无沙障沙地迎风面和背风面差异不大，而不同规格沙障沙地迎风面沙移动量大于背风面，与上述规律相符合。其原因也可能是当风在迎风面遇到沙障后，近地表层的风速降低，风中的沙粒开始下沉，随着沙粒的连续沉积，从沙丘下部往上风沙流变得更不饱和，开始具备风蚀能力。但是，由于沙障的作用，地表沙尘被固定，切断了沙尘源，使风沙流无法获得沙尘(高永等，2004)。

3) 柳条沙障对恢复地表植被的作用

经常扰动的沙生生境，成为许多植物的禁区，由于克隆植物独特的克隆生长对策，使其成为沙生生境演替的少有先锋种之一(何文兴，2005)。在无沙障的流动沙地中，除一年生植物绳虫实外，多年生的克隆植物种占主要优势，其具有种子繁殖和克隆繁殖的特性。绳虫实广泛分布于我国北方的流动和半固定沙地，是荒漠植物群落的重要组成部分(张景光等，2002)；青藏苔草是青藏高原高寒草原和高寒荒漠草原的优势物种，是一种典型的游击型根茎克隆植物(胡建莹等，2008)；黄帚橐吾是青藏高原高寒草甸中常见的一种多年生菊科植物，根茎处能产生横走根状茎，进行克隆生长(单保庆等，2000)；赖草在川西北沙化生境里是具有代表性且分布广泛的根茎型克隆植物(何文兴，2005)。

植被之所以在流沙上难以定居，除了极端高寒干旱的气候条件是一个制约因素外，风蚀沙埋是更为重要的一个影响因素。沙障的设置改变了地表的蚀积状况，制止沙丘移动，减轻了植物遭受风蚀、沙埋、沙割的危害，有利于植被在流沙上定居(任余艳等，2007)。在本试验中，通过设置沙障后，流动沙地多年生植物种占主要优势，而一年生植物种明显增多，这说明在流动沙地中设置沙障对风沙进行阻挡后，营造了对植物生长相对有利的环境。同时，通过对植物的多样性分析，无论 Margalef 丰富度指数，还是 Shannon-Wiener 多样性指数都表明，有沙障的流动沙地高于无沙障的流动沙地，也证明柳条沙障能营造植物生长相对有利的环境，是增强植被与逆境抗争的一项重要措施。虽然 Pielou 均匀度指数和 Simpson 优势度指数都表明无沙障的沙地内植被分布更均匀，这可能是由于柳条沙障营造植物生长的有利环境，促进了植物种的增加，但在沙地中还处在劣势地位。

5.1.4　柳条生物沙障固沙技术

柳条沙障是一种生物沙障，是为控制地表风沙运动，防止风沙危害，采用枝干和枝条等材料，在流沙中铺设的各种形式的障蔽物。通常铺设为连续成片的带状或方格状沙障，属于低立式沙障类型。

（1）适用范围。柳条沙障具有作用时间久且稳定、枝干截成的柳桩固定后易萌蘖的优点，适用于柳条资源来源近、易获取的若尔盖、红原等县沙化土地治理中对流动沙地的固定。

（2）材料质量。采用无病虫害、色泽正常、有萌蘖能力、未萌动的匀称健壮的柳科柳属灌木的枝干和枝条作为沙障原材料。枝干为 3 年生以上，直径 2～5cm 的匀称枝干；柳条为 2～3 年生，条长 0.5m 以上，直径 0.5～1.5cm 的枝条。

（3）材料处理。将材料剔成枝干和枝条。枝干用刀等工具截取成干长 40～50cm 的柳桩，并将柳桩形态学下端削成 30°～45°斜角或锥形，上端顶部削平，然后打捆置于清水中浸泡 5～7d，使用前用灌林型扦插速效生根粉配制成 50 倍液做蘸根处理。

（4）配置方式。主要有方格状和条带状等配置方式。方格状主要设置于风向不稳定，除主风外尚有较强侧向风的流动沙地。沙障有 2m×2m、2m×4m、3m×3m、4m×4m 等不同规格，主带与主风风向呈垂直关系。条带状适宜于主要设置于主风风向稳定，无较强侧向风的流动沙地。沙障有 1m、2m、3m、4m 等不同规格，条带与主风风向呈垂直关系。

（5）主副带营建。用绳索牵出一条工程线垂直于主风风向，将处理好的柳桩沿工程线手工插入沙中，柳桩间距为 15～20cm；然后用铁锤等工具敲打入沙地中，入地深度 25～30cm，地上高度 15～20cm，地上高度尽量水平一致；柳桩固定好后，在桩与桩之间用柳条交叉编织成柳笆，完成一条主带设置。其他主带设置按上述方法平行于第一条主带，带间距按设计规格再做其余主带。主带做好后再做副带，副带和主带垂直，副带设置方法与主带相同，副带间距按设计规格，根据现地需要可做适当调整，最后与主带形成方格状。

（6）场地清理。主带和副带设置完成后，沙障设置基本完成，进行场地清理。同时，将材料处理过程中产生的木屑等废料均匀铺设于沙障方格中，起到废物利用，阻挡风沙的作用。

5.1.5　小结

（1）柳条生物沙障能有效降低近地表风速，距离沙障 0cm、20cm、50cm、100cm 处风速平均降低 80.80%、76.43%、70.55%、63.73%，表现出距离沙障越远，沙障降低风速的效果越弱，其防风作用主要是通过沙障和柳桩萌发枝条阻挡或减缓气流而实现的。

（2）柳条沙障能有效阻缓流沙的移动，不同规格方格沙障对迎风坡流沙移动减缓 45%～55%，背风坡减缓 62%～92%，表现出背风面的固沙作用高于迎风面，且随沙障方格的增大，阻风挡沙能力降低。

（3）设置沙障后一年生植物种明显增多，物种数由 8 种提高到 15 种，物种多样性指数由 1.87 提高到 2.31，表明柳条沙障能营造植物生长相对有利的环境，是增强植被与逆境抗争的一项重要措施。

(4)通过全面总结分析目前沙化治理过程中实施的多种柳条沙障营建方式,研究集成了以康定柳柳条为代表的流动沙地康定柳沙障设置技术规程,对川西北高寒沙地极重度沙地的治理具有重要的指导意义。

5.2 竹帘机械沙障固沙技术研究

目前,机械沙障在沙漠化治理中起到了无可替代的作用,特别是在风大、流沙强烈、植被措施无法单一实施的沙区,机械沙障已经成为一种非常实用、有效的治沙措施。沙障设置后,不仅固定了流沙,而且改变了立地条件,使得当地的土壤结构、水分状况等都发生了一定的变化,为进一步进行生物固沙措施创造了条件(马瑞等,2010)。

在川西北沙化土地治理中,石渠县沙化土地平均海拔 4000m 以上,不适宜康定柳等柳科柳属灌木生长,同时由于劳动力相对缺乏,施工困难,所以采用竹帘这一简单易行、施工简便的机械沙障,起到了很好的固沙作用。但是对于沙地设置竹帘沙障后植被的恢复过程,对植被恢复的促进作用的报道较少。本研究通过对川西北高寒流动沙地中竹帘沙障固沙技术进行调查,同时对在流动沙地典型区域的竹帘沙障对植被物种组成变化及植物多样性的影响进行成效研究,得出适宜川西北高寒流动沙地竹帘沙障营建技术。

5.2.1 研究地点及方法

2012 年 8 月,研究组对甘孜州石渠县历年实施川西北防沙治沙试点示范工程沙地中竹帘沙障固沙技术进行野外调查。同时在石渠县宜牛乡 2011 年实施的省级防沙治沙试点工程治理的沙地内,选择具有典型代表性的方格状竹帘沙障沙地作为试验样地,并选择邻近未采取沙障措施的沙地作为对照样地,设置样方对地表植被进行调查,研究其治理成效。

石渠县宜牛乡地理坐标为北纬 32°58'29.15" ~ 32°58'19.66",东经 98°21'31.22" ~ 98°21'33.90",试验区地形为高原丘状区,海拔 4000m 左右,属典型的季风高原型气候,冬季寒冷干燥,春季干旱多风,夏季旱涝相间,秋季温凉湿润,无霜期短,日照时长,水资源丰富,光能充足。年均温度小于 0℃。年日照时数 2410~2530h,大于 0℃的积温 800~2400℃,年太阳总辐射量 159.04kcal/ cm^2。年均降水量 550mm,80%集中在 6~9 月。

5.2.2 试验结果

(1)竹帘沙障对沙地植物种类组成的影响。有无竹帘沙障下当年半固定沙地中地表植物种数分别为 14 种和 12 种,多出的物种除人工撒播草种披碱草和仲彬草外,还有二裂委陵菜为低矮草本。在无沙障半固定沙地中,相比于一年生植物,多年生植物种占主要优势,其中青藏苔草(0.16)、黄帚橐吾(0.12)为主要优势种,披碱草(0.11)和燕麦(0.10)等人工撒播草种为次要优势种。在有竹帘沙障沙地中,相比于一年生植物,多年生植物种仍占主要优势。而且在整个植物种里,披碱草(0.17)、仲彬草(0.12)等人工撒播草种占主要优势,青藏苔草(0.11)等占次要优势(表 5.5)。

表 5.5　竹帘沙障地表植物种类组成

种 名	重要值		生活周期	繁殖方式
	流动沙地	竹帘沙障		
仲彬草	—	0.12	p	s
披碱草	0.11	0.17	p	s
黄帚囊吾	0.12	0.02	p	a,s
细叶亚菊	0.07	0.03	p	s
肉果草	0.09	0.09	a	s
青藏苔草	0.16	0.11	p	a,s
喉毛花	0.10	0.07	p	a,s
楔叶委陵菜	0.09	0.08	p	s
矮生嵩草	0.03	0.05	p	a,s
异叶米口袋	0.06	0.03	a	s
燕麦	0.10	0.11	a	s
黑麦草	0.05	0.09	a	s
二裂委陵菜	—	0.01	p	a,s
珠芽蓼	0.02	0.02	p	s

注：生活周期中 a 指一年生植物，p 指多年生植物；繁殖方式中 a 指克隆繁殖，s 指有性繁殖。

(2)竹帘沙障对沙地植物物种多样性的影响。竹帘沙障流动沙地 Margalef 丰富度指数(2.82)大于流动沙地裸地(2.39)；Shannon-Wiener 多样性指数有沙障的流动沙地略高于无沙障的流动沙地，分别为 2.25 和 1.93；有无沙障的流动沙地的 Pielou 均匀度指数和 Simpson 优势度指数均差异不大，分别为 0.94、0.92 和 0.88、0.84(表 5.6)。

表 5.6　竹帘沙障地表植物多样性

类型	物种数	Shannon-Wiener 多样性指数	Simpson 优势度指数	Pielou 均匀度指数	Margalef 丰富度指数
流动沙地	12	1.93	0.84	0.92	2.39
竹帘沙障	14	2.25	0.88	0.94	2.82

5.2.3　分析与讨论

1)竹帘沙障的防风固沙作用

竹帘沙障属透风型沙障，当风沙流经过疏透型沙障时，有一部分气流在障前碰撞受阻而回旋，使障前风速急剧降低，风沙流的挟沙能力降低，沙粒在障前沉落；另一部分气流则从沙障空隙中穿过，在穿过的过程中，由于受到沙障材料的摩擦、阻挡和分割，气流的能量明显被消耗，风速减弱，从而使部分沙粒在障后发生沉降。同时受主风向的影响，被风蚀的沙粒也会在沙障后沉积，这样就形成了一种跨障的凹曲面，这种凹曲面对原有沙面仍有固定作用。

2)竹帘沙障对地表植被恢复的作用

机械沙障的固沙作用主要在于对近地表气流的干预与削弱。李瑞军(2009)对棉秆沙障的研究得出，棉秆沙障设置后，增加了地面的粗糙度，降低了风速，阻止了过境风对裸露沙面的进一步吹蚀；同时由于风速的降低，影响了风沙流的强度，使得风沙流的携沙能量减弱，即阻止了风对沙的搬运能力，有效防止沙害。这为沙生先锋植被的生长提供了保障，经过沙障和沙生先锋植被的防护，又可以为多年生植被的入侵发展提供适宜生长条件。

竹帘沙障是由用铁丝编织竹片而成的竹帘设置的沙障，其与棉秆沙障一样，都是透风型沙障。本试验对设置竹帘沙障后的植被进行了调查，与无沙障的流动沙地相比，流动沙障的植物种类、物种多样性都有所增加；同时相比无沙障，有沙障沙地内人工撒播的草种占主要优势。这些都表明，竹帘沙障的防风固沙作用有利于沙地内植被的恢复。竹帘沙障设置后，不仅固定了流沙，而且改变了立地条件，使得当地的土壤结构、水分状况等都发生了一定的变化，为进一步植物固沙措施创造了条件，对这些变化的研究使得竹帘沙障具有重要的科研前景。

5.2.4 竹帘机械沙障固沙技术

竹帘沙障是一种机械沙障，是为控制地表风沙运动，防止风沙危害，采用竹片等材料在流沙中铺设的各种形式的障蔽物。通常铺设为连续成片的带状或格状型沙障，属于低立式沙障类型。

(1)适用范围。竹帘沙障适用于康定柳等生物沙障材料稀少或获取成本高的沙区，其具有施工工序简单、材料便宜且易获取的特点，可以形成直立式、平铺式等形式的沙障，对流沙的固定起到了不可替代的作用。

(2)材料质量。采用无病虫害、色泽正常、通直健壮的3年生以上的黄竹等竹类竹竿为沙障原材料。

(3)材料处理。将收集的竹竿剖开成2.5cm左右的竹条，晾晒风干后截成长0.7m的小竹片；用16#铁丝分2路或3路等分进行编织，间隙小于0.6cm，成型规格为3m×0.7m，成条带形竹帘。

(4)配置方式。主要有方格状和条带状等配置方式。①方格状主要设置于风向不稳定，除主风外尚有较强侧向风的沙地。沙障有2m×2m、2m×4m、3m×3m、4m×4m等不同规格，主带与主风风向呈垂直关系。②条带状主要设置于主风风向稳定，无较强侧向风的沙地。沙障有1m、2m、3m、4m等不同规格，条带与主风风向呈垂直关系。

(5)主副带营建。用绳索牵出一条工程线，其垂直于主风风向，沿工程线人工或机械进行开沟，深度由设计规格而定；然后将竹帘放置于槽沟内，达到设计埋设长度后回填沙土，并用脚踩实。其他主带设置按上述方法平行于第一条主带，带间距按设计规格再做其余主带。主带做好后再做副带，副带和主带垂直，副带设置方法与主带相同，副带间距按设计规格，根据现地需要可做适当调整，最后与主带形成方格状。

(6)场地清理。主带和副带设置完成后，沙障设置基本完成，进行场地清理。

5.2.5　小结

（1）竹帘沙障属透风型沙障，能形成一种跨障的凹曲面，对原有沙面有固定作用。同时营建沙障 1 年后，物种数由 12 种提高到 14 种，人工撒播草种占主要优势，物种多样性指数由 1.93 提高到 2.25，表明竹帘沙障能营造植物生长相对有利的环境，显著地促进当年撒播混合草种的生长，是增强植被与逆境抗争的一项重要措施。

（2）通过全面总结分析目前沙化治理过程中实施的多种竹帘沙障营建方式，研究形成了竹帘沙障固沙技术规程，对川西北高寒沙地极重度沙地的治理具有重要的指导意义。

5.3　沙袋机械沙障固沙技术研究

沙袋沙障属于低立式沙障，以方格状平铺于裸露沙地上，该类型沙障可增加地面粗糙度，消耗过境近地表气流或风沙流动能，从而降低气流挟沙能力，有效地阻止地表流沙产生，使沙丘表层结构稳定（张奎壁等，1990）。对沙袋沙障固沙效益等方面的研究很少（李锦荣等，2010；袁立敏等，2010；周丹丹，2009；韩志文等，1982），在川西北高寒流动沙地治理中，尚还无使用的报道。为此本研究通过对在川西北高寒流动沙地中采用对环境无污染的柔性生态袋设置沙袋沙障固沙技术进行调查，从对植被恢复成效的角度出发，通过分析植物物种组成和多样性，得出适宜川西北高寒流动沙地沙袋沙障营建技术。

5.3.1　研究地点及方法

2014 年 5 月，在阿坝藏族羌族自治州若尔盖县阿西乡协玛坚的流动沙地内，选择地表植被盖度为 0～6%，无乔灌木生长，地势平缓的流动沙地作为试验地，做以下两种试验处理：处理一是撒播 12 千克/亩的混合草种并铺设 2m×4m 规格的沙袋沙障；处理二为对照，即撒播 12 千克/亩的混合草种，不做其他处理。两处理处于平行位置并与主风方向垂直，9 月对其进行样方调查。

若尔盖县阿西乡协玛坚地理坐标为东经 102°55'45.90" ～ 102°55'51.31"，北纬 33°41'33.66"～33°41'36.81"，距离县城约 14km。地形为高原丘状区，属高原寒冷地区，气候特点为长冬无夏，春秋短，寒冷干燥，日照强烈，昼夜温差大，无绝对无霜期，年平均气温 0.7℃，最高 24.6℃，最低-33.7℃，年平均风速 2.5m/s，最大风速 35m/s，年平均降水量 657mm，蒸发量 1212.7mm。

5.3.2　试验结果

（1）沙袋沙障对沙地植物种类组成的影响。有无沙袋沙障下当年流动沙地中地表植物种数分别为 11 种和 7 种，差异显著。在无沙障流动沙地中，相比于一年生植物，多年生植物种占主要优势，其中赖草（0.29）、青藏苔草（0.21）为主要优势种，老芒麦（0.18）等人工撒播草种为次要优势种；在有沙障流动沙地中，相比于一年生植物，多年生植物种仍占主要优势，且在整个植物种里，垂穗披碱草（0.13）、老芒麦（0.22）、燕麦（0.14）等人工撒播草种占主要优势，赖草（0.13）、青藏苔草（0.13）等占次要优势（表 5.7）。

表 5.7   沙袋沙障地表植物种类组成

种 名	重要值		生活周期	繁殖方式
	流动沙地	沙袋沙障		
矮泽芹	0.07	0.05	a	s
垂穗披碱草	0.05	0.13	p	s
赖草	0.29	0.13	p	a,s
老芒麦	0.18	0.22	p	s
镰形棘豆	0.12	0.09	p	s
露蕊乌头	—	0.02	a	s
米口袋	—	0.04	a	s
青藏苔草	0.21	0.13	p	a,s
萎软紫菀	—	0.04	a	s
细果角茴香	—	0.02	a	s
燕麦	0.07	0.14	a	s

注：生活周期中 a 指一年生植物，p 指多年生植物；繁殖方式中 a 指克隆繁殖，s 指有性繁殖。

（2）沙袋沙障对沙地植物物种多样性的影响。沙袋沙障流动沙地 Margalef 丰富度指数（2.17）远高于流动沙地裸地（1.30）；Shannon-Wiener 多样性指数有沙障的流动沙地略高于无沙障的流动沙地，分别为 2.18 和 1.75；有无沙障的流动沙地的 Pielou 均匀度指数和 Simpson 优势度指数均差异不大，分别为 0.95、0.98 和 0.87、0.80（表 5.8）。

表 5.8   沙袋沙障地表植物多样性

类型	物种数	Shannon-Wiener 多样性指数	Simpson 优势度指数	Pielou 均匀度指数	Margalef 丰富度指数
流动沙地	7	1.75	0.80	0.98	1.30
沙袋沙障	11	2.18	0.87	0.95	2.17

5.3.3   分析与讨论

沙袋沙障对风沙流能够产生有效的阻挡，较大程度地降低了流沙表面的风蚀程度，使土壤表层结构稳定，为植被的生长与存活提供了适宜的土壤环境，所以沙袋沙障对植被的恢复也有一定的促进作用。袁立敏等（2014）对库布齐沙漠东北缘的流动沙丘设置沙袋沙障后研究得出，裸沙丘在沙袋沙障防护一段时间后，在自然降雨条件下，沙生植物种子在结构相对稳定的沙土中会很快萌发生长。

在本试验中，流动沙地在沙袋沙障防护一段时间后，地表植物物种数、Shannon-Wiener 指数均高于无沙障流动沙地；相比无沙障流动沙丘，铺设沙袋沙障后沙地内人工撒播的草种占主要优势，说明设沙袋沙障对沙丘植被的恢复有一定促进作用。沙袋沙障属于平铺式沙障，主要是防止地表遭到风蚀，对过境风沙流中携带沙粒的拦截效果较差。在一般情况下，治理区内很少出现积沙。且经过一段时间气流作用后最终会形成一种平衡状态，即在气流(或风沙流)经过沙丘表面时,由于沙障的阻碍作用,在沙障方格内部会产生旋涡,每个沙障方格先遭到风蚀,经过几场大风后,方格内最终会形成光滑稳定的凹曲面(屈建军等,2005),只有形成凹曲面,沙丘地表结构才会稳定(凌裕泉,1980),从而为植被的生长提供了一个稳定的基质条件。沙袋沙障为沙生先锋植被的生长提供了保障,经过沙障和沙生先锋植被的防护,又可以为多年生植被的入侵发展提供适宜的生长条件。

5.3.4 沙袋机械沙障固沙技术

沙袋沙障是为控制地表风沙运动,防止风沙危害,采用可降解的环保型成品袋状等材料装沙后在流沙中铺设的各种形式的障蔽物。通常铺设为连续成片的带状或格状型沙障,属于低立式沙障类型。它能有效降低风速,阻缓流沙的移动,营造植物生长相对有利的环境,增强植被与逆境抗争的能力。

(1)适用范围。沙袋沙障采用对环境无污染的环保材料,主要用于康定柳等生物沙障材料稀少或获取成本高的沙区,其具有施工工序简单、材料便宜且易获取、易运输的特点,在部分区域对流沙的固定起到了不可替代的作用。

(2)材料质量。采用对环境无污染、抗紫外线辐射、可缓慢降解的,一端封口另一端不封口环保型成品袋为沙障原材料。

(3)材料处理。将材料在工厂制作成筒状袋管,装沙后形成截面直径是 15~20cm,长度为 1.1m、2.1m 或其他适宜的长度,一端封口,另一端不封口的沙袋。

(4)配置方式。主要有方格状和条带状等配置方式。方格状主要设置于风向不稳定,除主风外尚有较强侧向风的流动沙地。沙障有 2m×2m、2m×4m、3m×3m、4m×4m 等不同规格,主带与主风风向呈垂直关系。条带状主要设置于主风风向稳定,无较强侧向风的沙地。沙障有 1m、2m、3m、4m 等不同规格,条带与主风风向呈垂直关系。

(5)主副带营建。用绳索牵出一条工程线,其垂直于主风风向;在袋管中装填入适量的沙子,做到紧实有度,将装填好的沙袋沿工程线的一侧放置,摆放端正,然后将同规格的沙袋与相邻的沙袋不封口端叠压至封口端下,叠压长度为 10cm,以此类推,延长呈带状。其他主带设置按上述方法平行于第一条主带,带间距按设计规格再做其余主带。主带做好后再做副带,副带和主带垂直,副带设置方法与主带相同,副带间距按设计规格,根据现地需要可做适当调整,最后与主带形成方格状。

(6)场地清理。主带和副带设置完成后,沙障设置基本完成,进行场地清理。

5.3.5 小结

(1)沙袋沙障对风沙流能够产生有效的阻挡,较大程度降低了流沙表面的风蚀程度,设置沙袋沙障后当年,地表物种数由 7 种提高到 11 种,人工撒播草种占主要优势,物种多样性指数由 1.75 提高到 2.18,表明沙袋沙障能营造植物生长相对有利的环境,显著促进当年撒播混合草种的生长,是增强植被与逆境抗争的一项重要措施。

(2)全面总结分析目前沙化治理过程中实施的沙袋沙障营建方式,研究集成了沙袋沙障固沙技术规程,对川西北高寒地区极重度沙地的治理具有重要的指导意义。

5.4 草帘机械沙障固沙技术研究

由麦秸秆、稻草、芦苇等材料在沙漠中扎成半隐蔽方格沙障，是在近地风沙流边界层内防止风沙危害的一种经济实用、功效显著、便于掌握而应用最为广泛的固沙措施（屈建军等，2005）。草帘沙障是一种防风固沙、涵养水分的治沙方法，其能使地面粗糙，减小风力，还可以截留水分（如雨水），提高沙层含水量，有利于固沙植物的存活（赵光荣等，2012）。2007 年以来在川西北沙化土地流动沙地治理中，若尔盖县、理塘县等少量采用了草帘沙障，起到了很好的固沙作用。但是对于流动沙地设置草帘沙障后植被的恢复过程，及对植被恢复的促进作用的报道较少。本试验通过设置流动沙地有无草帘沙障后对植被物种组成变化及植物多样性进行研究，初步分析草帘沙障在沙化治理过程中所起的作用，得出适宜川西北高寒流动沙地草帘沙障营建技术。

5.4.1 研究地点及方法

2014 年 5 月，在阿坝藏族羌族自治州若尔盖县阿西乡协玛坚的流动沙地内，选择地表植被盖度为 0～6%，无乔灌木生长，地势平缓的流动沙地作为试验地，做以下两种试验处理：处理一是撒播 12 千克/亩的混合草种并设置 1m×2m 规格的草帘沙障；处理二为对照，即撒播 12 千克/亩的混合草种，不做其他处理。两处理处于平行位置并与主风方向垂直，9 月对其进行样方调查。

若尔盖县阿西乡协玛坚地理坐标为东经 102°55'45.90" ～ 102°55'51.31"，北纬 33°41'33.66"～33°41'36.81"，距离县城约 14km。地形为高原丘状区，属高原寒冷地区，气候特点为长冬无夏，春秋短，寒冷干燥，日照强烈，昼夜温差大，无绝对无霜期，年平均气温 0.7℃，最高 24.6℃，最低-33.7℃，年平均风速 2.5m/s，最大风速 35m/s，年平均降水量 657mm，蒸发量 1212.7mm。

5.4.2 试验结果

（1）草帘沙障对沙地植物种类组成的影响。有无草帘沙障下当年流动沙地中地表植物种数目分别为 11 种和 8 种。在无沙障流动沙地中，相比于一年生植物，多年生植物种占主要优势，其中赖草（0.21）、青藏苔草（0.27）为主要优势种，老芒麦（0.13）、燕麦（0.14）等人工撒播草种为次要优势种；在有草帘沙障流动沙地中，相比于一年生植物，多年生植物种仍占主要优势，且在整个植物种里，垂穗披碱草（0.17）、老芒麦（0.20）、燕麦（0.19）等人工撒播草种占主要优势，赖草（0.11）、青藏苔草（0.13）等占次要优势（表 5.9）。

表 5.9 草帘沙障地表植物种类组成

种名	重要值		生活周期	繁殖方式
	流动沙地	草帘沙障		
垂穗披碱草	0.06	0.17	p	s
赖草	0.21	0.11	p	a,s
老芒麦	0.13	0.20	p	s

种 名	重要值		生活周期	繁殖方式
	流动沙地	草帘沙障		
米口袋	0.04	—	a	s
青藏苔草	0.27	0.13	p	a,s
绳虫实	0.10	0.02	a	s
萎软紫菀	0.05	—	a	s
燕麦	0.14	0.19	a	s
矮泽芹	—	0.07	a	s
露蕊乌头	—	0.03	a	s
镰形棘豆	—	0.03	p	s
细果角茴香	—	0.02	a	s
细叶西伯利亚蓼	—	0.03	a	s

注：生活周期中 a 指一年生植物，p 指多年生植物；繁殖方式中 a 指克隆繁殖，s 指有性繁殖。

(2)草帘沙障对沙地植物物种多样性的影响。草帘沙障流动沙地 Margalef 丰富度指数 (2.17)远高于流动沙地裸地(1.52)；Shannon-Wiener 多样性指数有沙障的流动沙地略高于无沙障的流动沙地，分别为 2.13 和 1.85；有无沙障的流动沙地的 Pielou 均匀度指数和 Simpson 优势度指数均差异不大，分别为 0.93、0.95 和 0.86、0.82(表 5.10)。

表 5.10　草帘沙障地表植物多样性

类型	物种数	Shannon-Wiener 多样性指数	Simpson 优势度指数	Pielou 均匀度指数	Margalef 丰富度指数
流动沙地	8	1.85	0.82	0.95	1.52
草帘沙障	11	2.13	0.86	0.93	2.17

5.4.3　分析与讨论

草帘沙障是一种防风固沙，涵养水分的治沙方法。其能增大地表的粗糙度，减弱低层风速，改变沙粒搬运形式，降低搬运能力，更为重要的是其能使障内的流沙形成稳定的凹曲面，使风流能顺利通过，从而达到固沙的目的(王振亭等，2002)，同时可以截留水分(如雨水)，提高沙层含水量，有利于固沙植物的存活(赵光荣等，2012)。

在本试验中，通过设置草帘沙障，人工促进恢复的草种在流动沙地内生长。草帘沙障的固沙措施能增大地表的粗糙度，有效降低地表的风速，而无草帘固定的地面则处于风蚀状态。在草帘形成的风积环境条件下，细粒沙物质能够将落在沙表面的植物种子埋积起来，便于植物种子的萌发生长。草帘沙障中细粒物质增多，使沙面紧实，能够将夜间空气中凝结的水分和微弱的降水蓄积在沙层表面，不至于很快下渗到沙层的下部，一定程度上为浅根性的先锋植物种的生长提供了短暂的水分供应(李生宇等，2003)。

5.4.4　草帘机械沙障固沙技术

草帘沙障是为控制地表风沙运动，防止风沙危害，采用稻草等材料编织成帘状，在流沙中铺设为各种形式的障蔽物。通常铺设为连续成片的带状或格状型沙障,属于低立式沙障类型。其能有效地降低风速,阻缓流沙的移动,营造植物生长相对有利的环境,增强植被与逆境抗争的能力。

(1)适用范围。草帘沙障采用稻草、麦草等材料,主要用于康定柳等生物沙障材料稀少或获取成本高的沙区,其具有施工工序简单、材料便宜、易获取的特点,且可降解,为沙地提供植物生长养分。

(2)材料质量。采用无病虫害、色泽正常、无腐烂、晾晒风干的稻草、麦秸等为沙障原料,其收割后不超过 1 年,株高 50cm 以上。

(3)材料处理。将收集的原料编制成帘状(条带状),宽度 50cm,长度 5~10m,厚度 0.6~1.0cm,空隙度 15%~30%。采用人工或机器的方式进行编织,编织时,原料底部朝外,稍朝内的方式平铺成适宜厚度,然后按三等分用麻绳等材料编织。编织好后,对外边用剪刀等工具进行平整处理。

(4)配置方式。主要有方格状和条带状等配置方式。①方格状主要设置于风向不稳定,除主风外尚有较强侧向风的流动沙地。沙障有 1m×1m、1m×2m、2m×2m、2m×3m、3m×3m 等不同规格,主带与主风风向呈垂直关系。②条带状主要设置于主风风向稳定,无较强侧向风的沙地。沙障有 1m、2m、3m、4m 等不同规格,条带与主风风向呈垂直关系。

(5)主副带设置。用绳索牵出一条工程线,其垂直于主风风向,沿做好标记的工程线人工或机械进行开沟,深度由设计规格而定;将条带形草帘放置于槽沟内,达到设计埋设长度后回填沙土,并用脚踩实。其他主带设置为按上述方法平行于第一条主带,带间距按设计规格再做其余主带。主带做好后再做副带,副带和主带垂直,副带设置方法与主带相同,副带间距按设计规格,根据现地需要可做适当调整,最后与主带形成方格状。

(6)场地清理。主带和副带设置完成后,沙障设置基本完成,进行场地清理。

5.4.5　小结

(1)草帘沙障能增大地表的粗糙度,在障内的流沙形成稳定的凹曲面,使风流能顺利通过,从而达到固沙的目的。设置草帘沙障后当年,地表物种数由 8 种提高到 11 种,人工撒播草种占主要优势,物种多样性指数由 1.85 提高到 2.13,表明草帘沙障能营造植物生长相对有利的环境,显著促进当年撒播混合草种的生长,是增强植被与逆境抗争的一项重要措施。

(2)通过全面总结分析目前沙化治理过程中实施的多种草帘沙障营建方式,研究集成了草帘沙障固沙技术规程,对川西北高寒沙地极重度沙地的治理具有重要的指导意义。

5.5　生态毯固沙技术研究

目前,生态毯主要运用于边坡生态防护中,可有效改良土壤、保持水土以及恢复植被,从而改善脆弱的生态环境。在北方沙化地区,采用了一种生态垫(eco-mat)用于治沙,它是棕榈油生产中的主要副产品,由油棕果架纤维制成,在生产过程中没有使用任何化学添加剂,是一种可以降解的新型环保覆盖材料。国外研究表明采用生态垫覆盖地面具有防止土壤侵蚀、改良土壤结构、提高土壤持水能力、增加土壤有机质含量、抑制杂草、提高微生物活性、促进植物生长等作用(Grace et al., 2001)。在川西北地区，阿坝州林科所在壤塘县流动沙地中采用由稻草制作的生态毯进行试验，并从植被恢复影响等角度出发，初步分析生态毯在沙化治理过程中所起的作用，得出适宜川西北高寒流动沙地的生态毯营建技术。

5.5.1　研究地点及方法

2013 年 5 月，在阿坝藏族羌族自治州壤塘县尕多乡的流动沙地内，选择地表植被盖度为 0～6%，无乔灌木生长，地势平缓的流动沙地作为试验地，做以下两种试验处理：处理一是撒播 12kg 的混合草种，每亩撒施 700kg 的牛羊粪并铺设生态毯；处理二为对照，即每亩撒播 12kg 的混合草种，每亩撒施 700kg 牛羊粪、不铺设生态毯，也不做其他处理。两处理处于平行位置并与主风方向垂直。生态毯采用全铺的方式，铺设时生态毯首尾用柳桩固定，防止其移动。每月进行土壤含水量调查，9 月对其进行样方调查。

壤塘县尕多乡地理坐标为东经 101°07′26.32″ ～ 1021°07′32.56″，北纬 32°22′44.83″ ～ 32°22′29.02″，地形为高原丘状区，沙化区域多分布在海拔 3400～3600m，属高原寒冷地区。气候特点为长冬无夏，春秋短，寒冷干燥，日照强烈，昼夜温差大，无绝对无霜期，年平均气温 4.5℃，7 月最热日均温 15.8℃，1 月最冷月均温-8.1℃。各地年降水量在 666.9～790mm，最大日降水量 30.2mm，年蒸发量 1132.4mm，年日照数 1843.9h。

5.5.2　试验结果

(1)生态毯对流动沙地土壤含水量的影响。通过连续 5 个月的观测，除 5 月生态毯铺设时沙地土壤水分差异不大外，6～9 月虽然生态毯流动沙地和流动沙地裸地土壤水分含量略有波动，但总体上生态毯沙地水分含量高于流动沙地裸地。至 9 月，生态毯沙地比裸地土壤含水量高 1 倍多(表 5.11)。

表 5.11　生态毯铺设后土壤水分含量变化(%)

试验处理	月份				
	5	6	7	8	9
生态毯	2.41	4.94	6.06	8.28	7.91
流动沙地	2.37	2.85	1.45	2.67	3.15

(2)生态毯对沙地植物种类组成的影响。有无生态毯下当年流动沙地中地表植物种数目分别为 7 种和 6 种，差异不大。在无沙障流动沙地中，相比于一年生植物，多年生植物种占主要优势，一年生植物为种子繁殖，绳虫实(0.16)为主要优势种；多年生植物中赖草(0.28)、青藏苔草(0.18)为主要的优势物种，其通过种子繁殖和克隆繁殖。在生态毯沙地中，多年生植物占主要优势，垂穗披碱草(0.21)、赖草(0.21)和老芒麦(0.20)为主要优势种。另外，撒播的混合草种在生态毯的沙地中为主要优势种植物，而在无生态毯的沙地中却不占主要优势(表 5.12)。

表 5.12　生态毯地表植物种类组成

物种	重要值		生活周期	繁殖方式
	流动沙地	生态毯		
垂穗披碱草	0.11	0.21	p	s
赖草	0.28	0.21	p	a,s
老芒麦	0.14	0.20	p	s
镰形棘豆	—	0.08	p	s
青藏苔草	0.18	0.09	p	a,s
燕麦	0.13	0.18	a	s
异株矮麻黄	—	0.03	p	s
绳虫实	0.16	—	a	s

注：生活周期中 a 指一年生植物，p 指多年生植物；繁殖方式中 a 指克隆繁殖，s 指有性繁殖。

　　（3）生态毯对沙地植物物种多样性的影响。有无沙障的流动沙地 Margalef 丰富度指数差异不大，分别为 1.30 和 1.09；Shannon-Wiener 多样性指数有沙障的流动沙地略高于无沙障的流动沙地，分别为 1.82 和 1.64；有无沙障的流动沙地的 Pielou 均匀度指数和 Simpson 优势度指数均差异不大，分别为 0.94、0.92 和 0.83、0.79（表 5.13）。

表 5.13　生态毯地表植物多样性

类型	物种数	Shannon-Wiener 多样性指数	Simpson 优势度指数	Pielou 均匀度指数	Margalef 丰富度指数
流动沙地	6	1.64	0.79	0.92	1.09
生态毯	7	1.82	0.83	0.94	1.30

5.5.3　分析与讨论

1）生态毯对提高流动沙地土壤含水量的作用

　　流动沙地铺设覆盖物后，土壤水分蒸发受到物理阻隔，改变了土壤与大气正常的水分循环方式，形成了覆盖物下土壤内部的水分循环，铺垫前后土壤水分分布和动态变化规律差异较大，使土壤水分更多地保留在土壤中（杨志国等，2007）。另外，流动沙地覆盖有机物后，能提高土壤空隙度，增强土壤的通气性和渗透性（贾玉奎等，2006），这有利于深层水分不断补充到土壤上层，使表层土壤即使在连续没有降雨的情况下，也能保持较高的含水量，对流动沙地生长季节维持植物正常的生理活动作用重大。

　　5 月初铺设时有无生态毯沙地中土壤含水量差异不显著，但随着时间的推移，生态毯流动沙地中土壤含水量远高于流动沙地裸地，这也表明生态毯对增加流动沙地土壤含水量效果显著。土壤表层是植物根系的密集区，所以流动沙地铺设生态毯后，土壤表层能保持较高的含水量，在连续无雨的情况下也减少了干旱胁迫，避免了土壤水分过少时引起的好气性细菌强烈活动而导致的土壤有机质贫瘠。此外，土壤中保持适度的水分有利于矿物质养分的分解、溶解和转化，有利于土壤中有机质的分解和合成，增加了土壤养分，有利于植物吸收，而土壤水分也能起到调节土壤温度的作用，这些都为植物的成活与生长创造了良好的条件(杨志国等，2007)。

2)生态毯对地表植被恢复的作用

川西北高寒地区流动沙地恶劣的自然环境决定了其脆弱性，土壤水分是系统重要的生态因素，决定着土壤的发生、演化和土地生产力，对整个生态系统的水热平衡起决定作用，同时也是植物生长的最大限制因子(刘新平等，2005；何志斌等，2002)。因此采取积极有效的措施，充分利用这些地区有限的降水，提高土壤的含水量，为植被的成活与生长创造良好的条件，对流动沙丘生态系统的恢复与重建具有重要意义。

通过覆盖稻草等秸秆材料的生态毯后，相比流动沙地裸地，虽然在物种多样性上差异不显著，但能显著促进当年撒播混合草种的生长。国内外诸多实践证明，恢复植被是固定流沙的基本措施(杨志国等，2007)。植物固沙与工程固沙相比具有以下优点：①一定密度的植物覆盖沙面后，可削弱风速，使沙丘不再出现风蚀现象，实现一劳永逸；②植被可改良流动沙丘贫瘠的土壤，促进沙土的成土过程，生态环境的改善有利于多种生物的活动和繁衍。生态毯能为植物固沙创造良好的微域生态环境，促进植被的恢复，同时生态毯为可降解的草垫物，随着时间的推移能为沙地提供植物生长的养分，进一步促进植物的生长。

5.5.4　生态毯固沙技术

生态毯是为控制地表风沙运动，防止风沙危害，采用稻草等材料编织成毯状，在流沙中铺设在各种形式的障蔽物。通常采用全面铺设方式的沙障，属于固沙型的平铺式沙障。其可阻断气固两相物体在界面上的接触，抑制风沙流与沙质表面在界面上的相互作用，具有防止土壤侵蚀，改良土壤结构，提高土壤持水能力，增加土壤有机质含量，抑制杂草，提高微生物活性，促进植物生长等作用。

1)适用范围

生态毯采用稻草等为材料，主要用于康定柳等生物沙障材料稀少或获取成本高的沙区，其具有施工工序简单、材料便宜、易获取的特点，且可降解为沙地提供植物生长养分。

2)材料质量

采用无病虫害、色泽正常、无腐烂、晾晒风干的稻草、麦秸等为沙障原料，其收割后不超过 1 年，株高 50cm 以上。

3)材料处理

(1)生态毯的制作。将收集的原料编制成条形毯状，宽度 1.2～1.5m，长度 5～10m，厚度 0.6～1.0cm，空隙度 15%～30%。采用人工或机器的方式进行编织，编织时，原料底部朝外，稍朝内的方式平铺成适宜厚度，然后按四等分用麻绳等材料编织。编织好后，对条形生态毯外边用剪刀等工具进行平整处理。

(2)柳桩的制作。采集 3 年生以上，直径 2～5cm 的匀称康定柳枝干，用刀等工具截取成干长 15～20cm 的柳桩，其形态学下端削成 30°～45°斜角或锥形，上端顶部削平，然后打捆置于清水中浸泡 5～7d，使用前用灌林型扦插速效生根粉配制成 50 倍液做蘸根处理。

4）配置方式

主要有全铺状、条带状和品字形等配置方式。①全铺状主要设置于迎风坡和背风坡沙地，采用全面铺设的方式，不留间隙。②条带状主要设置于主风风向稳定，无较强侧向风的流动沙地。根据风沙危害的程度选择间隔 0.2～1.5m 规格进行铺设。③品字形主要设置于主风风向稳定，无较强侧向风，地势平缓，坡度小于 5°的流动沙地。根据风沙危害的程度选择，空隙长由条形生态毯的长度决定，以宽 0.2～1.5m 的规格进行铺设。

5）生态毯铺设

在清理沙地、撒施牛羊粪等有机肥和撒播混合草种后进行生态毯铺设。条状生态毯垂直于主风方向，从沙地一边按铺设规格顺平摊开，然后再平行于第一排铺设的生态毯，按铺设规格顺平摊开，第二排与第一排紧密接触或重叠 4～8cm 依次递进进行铺设。铺设完成后，在条状生态毯的结合处或重叠处插入柳桩，插入时柳桩与主风方向呈 10°左右的锐角，并用铁锤等工具敲打入沙地中，地上高度 3cm 左右，地上高度尽量水平一致。

6）场地清理

生态毯铺设和固定完成后，沙障设置基本完成，进行场地清理。

5.5.5 小结

（1）流动沙地铺设生态毯后，直接阻断了气固两相物体在界面上接触，抑制了风沙流与沙质表面在界面上的相互作用，改变了土壤与大气正常的水分循环方式，形成了生态垫下土壤内部的水分循环，生态毯沙地水分含量高于流动沙地 100%以上，显著提高了土壤含水量。

（2）设置生态毯后当年，地表物种数由 6 种提高到 7 种，但人工撒播草种占主要优势，物种多样性指数由 1.64 提高到 1.82，利用生态毯创造的良好微域生态环境，能显著促进当年撒播混合草种的生长，提高地表植被覆盖度。

（3）通过全面总结分析目前沙化治理过程中实施的多种生态毯营建方式，研究集成了生态毯固沙技术规程，对川西北高寒沙地极重度沙地的治理具有重要的指导意义。

5.6 结论

（1）在川西北高寒沙地治理中，根据当地康定柳等柳科柳属灌木资源来源近、易获取的特点形成了柳条生物沙障固定技术，在生物沙障材料稀少的地区，采用施工工序简单、材料便宜且易获取的竹帘、草帘和沙袋形成了三种机械沙障固沙技术，并采用本地区特色的生态毯作为材料形成生态毯固沙技术。

（2）通过对川西北近年来实施的治沙实践进行全面调查，确定了省级试点工程在若尔盖辖曼乡实施的柳条沙障，在壤塘县尕多乡实施的生态毯沙障，在石渠县宜牛乡实施的竹帘沙障，以及课题组在若尔盖县阿西乡设置的沙袋沙障和草帘沙障对比试验作为适宜川西北高寒流动沙地固沙技术开展对比调查，结果表明柳条沙障可以显著降低风速（100cm 处风速下降 63.73%)，减缓流沙移动(不同规格方格沙障对迎风坡流沙移动减缓 45%~55%，背风坡减缓 62%~92%)，生态毯沙障可以显著提高土壤含水量(设置后平均提高 100%以上)，这几种沙障营建方式配合植灌种草措施都可以显著提高流动沙地的植被盖度和物种多样性，提高林草植被恢复群落的稳定性(表 5.14)。

表 5.14　川西北高寒流动沙地固定技术特点及成效一览表

序号	固沙技术	主要特点	固沙成效
1	柳条生物沙障	有易就近获得材料、保存期较长、部分柳条可萌生等优点，但也存在柳条资源消耗大、劳动力需求大等不利因素，适宜于柳条资源丰富的区域	①近地表风速平均降低 80.80%；②不同规格方格沙障对迎风坡流沙移动减缓 45%~55%，背风坡减缓 62%~92%；③物种数增加了 7 种，物种多样性由 1.87 提高到 2.31
2	竹帘机械沙障	有材料能规模化生产、施工简单快捷等优点，但也存在加工制作成本高、与自然环境不协调等不利因素，适宜于其他材料难以获得、地广人稀的区域	①能有效固定流沙，形成一种跨障的凹曲面；②1 年后物种数增加了 2 种，人工撒播草种占主要优势，物种多样性由 1.93 提高到 2.25
3	沙袋机械沙障	有材料为商品化生产、施工工序简单、保存期长等优点，但也存在材料价格高、填充劳动力强度大等不利因素，适宜于其他材料难以获得、劳动力资源富集的区域	①能有效固定流沙，形成一种跨障的凹曲面；②当年物种数增加了 4 种，人工撒播草种占主要优势，物种多样性由 1.75 提高到 2.18
4	草帘机械沙障	有材料资源丰富、施工简单快捷等优点，但也存在运输成本高、保存期较短等不利因素，适宜于其他材料难以获得、交通相对便捷的区域	①能有效固定流沙，形成一种跨障的凹曲面；②当年物种数增加了 3 种，人工撒播草种占主要优势，物种多样性由 1.85 提高到 2.13
5	生态毯	有材料资源丰富、施工简单快捷等优点，但也存在运输成本高、保存期较短等不利因素，适宜于其他材料难以获得、交通相对便捷的区域	①可削弱风速，使沙丘不再出现风蚀现象；②表土层含水量提高 100%以上；③当年物种数增加了 1 种，人工撒播草种占主要优势，物种多样性由 1.64 提高到 1.82

第6章 川西北高寒沙地林草植被恢复模式研究

本章在对川西北防沙治沙试点示范工程全面调查的基础上,结合对典型区域不同类型沙化土地林草植被恢复后植被及土壤的动态变化研究,提出区域林草植被恢复的策略,然后对川西北高寒沙地治理县,特别是省级防沙治沙试点示范项目开展的县开展全面的沙化土地恢复模式调查,针对不同沙化类型的恢复模式开展成效对比,并结合前几章开展的系统研究,全面构建川西北高寒沙地林草植被恢复模式,为川西藏区沙化土地的治理提供技术支持。

6.1 川西北防沙治沙试点示范工程成效分析

四川省为有力推进川西北地区防沙治沙工作, 2007 年开始启动实施了川西北地区防沙治沙试点示范工程,工程建设不仅有效治理了沙化土地,还探索破解了川西北地区沙化治理中的许多技术难题。为全面了解川西北地区防沙治沙试点示范工程建设情况,科学评估沙化治理成效,于 2012~2013 年对 8 个工程实施县进行了全面调查和成效分析,为川西北地区沙化土地后期的大规模治理提供技术参考。

6.1.1 川西北防沙治沙试点示范工程概况

四川省委、省政府高度重视川西北地区防沙治沙工作,2007 年 6 月,省政府召开了四川省防沙治沙工作会议,并决定由省级财政资金启动川西北地区防沙治沙试点示范工程。2007 年率先在若尔盖县和理塘县启动了防沙治沙试点示范工作,共投入资金 1000.00 万元,治理沙化土地 1066.64hm²;2008 年,红原县和石渠县也纳入沙化土地试点治理,4 县共投入资金 2000.00 万元,治理沙化土地 2286.02hm²;2009 年仍然在 4 县开展沙化土地试点治理,共投入资金 2000.00 万元,治理沙化土地 2417.71 hm²;2010 年沙化土地试点治理又增加阿坝、壤塘、色达和稻城 4 县,8 县共投入资金 4000.00 万元,治理沙化土地 2153.74 hm²;2011 年和 2012 年继续在 8 县开展沙化土地试点治理,分别共投入资金 4000.00 万元和4400.00 万元,治理沙化土地 4138.52 hm² 和 4646.32hm²(表 6.1)。

表 6.1 不同年度沙化土地治理面积统计表 (单位:hm²)

年度	治理面积	若尔盖县	红原县	阿坝县	壤塘县	理塘县	石渠县	色达县	稻城县
2007	1066.64	533.30	—		—	533.34			
2008	2286.02	535.00	603.33	—	—	534.39	613.30		
2009	2417.71	533.60	688.10		—	536.01	660.00	—	
2010	2153.74	267.00	266.70	286.00	266.70	266.66	267.00	267.00	266.68

年度	治理面积	若尔盖县	红原县	阿坝县	壤塘县	理塘县	石渠县	色达县	稻城县
2011	4138.52	668.24	466.67	480.00	463.34	667.67	466.00	466.60	460.00
2012	4646.32	615.99	615.30	512.70	616.00	620.00	533.33	513.00	620.00
合计	16708.95	3153.13	2640.10	1278.70	1346.04	3158.07	2539.63	1246.60	1346.68

川西北地区防沙治沙试点示范工程在 2007~2012 年 6 年工程建设期间，四川省省级财政在 8 县共投入工程治理资金 17400.00 万元，治理各类型沙化土地 16708.95hm²，单位面积工程投资平均为 10414 元/hm²。

川西北地区防沙治沙试点示范工程治理川西北地区沙化土地 16708.95hm²。根据表 6.2，在若尔盖、红原、阿坝、理塘、稻城 5 县治理流动沙地 1122.93hm²，占工程治理面积的 6.7%；在若尔盖、红原、阿坝、壤塘、理塘、石渠、色达、稻城 8 县治理半固定沙地 3486.64hm²，占工程治理面积的 20.9%；在若尔盖、红原、阿坝、壤塘、理塘、稻城 6 县治理固定沙地 2606.11hm²，占工程治理面积的 15.6%；在若尔盖、红原、阿坝、壤塘、理塘、石渠、稻城 7 县治理露沙地 9253.27hm²，占工程治理面积的 55.4%；在石渠县还治理了 240.00hm² 的湿地沙化土地，占工程治理面积的 1.4%。

表 6.2　不同沙化土地类型治理面积　　　　　　（单位：hm²）

试点县	治理面积	流动沙地	半固定沙地	固定沙地	露沙地	其他
若尔盖	3153.13	428.26	263.98	135.15	2325.74	—
红原	2640.10	421.47	564.90	388.13	1265.60	—
阿坝	1278.70	8.00	45.90	443.10	781.70	—
壤塘	1346.04	0	249.70	65.49	1030.85	—
理塘	3158.07	258.35	484.61	1314.41	1100.70	—
石渠	2539.63	0	507.00	0	1792.63	240.00
色达	1246.60	0	1246.60	0	0	—
稻城	1346.68	6.85	123.95	259.83	956.05	—
合计	16708.95	1122.93	3486.64	2606.11	9253.27	240.00

6.1.2　川西北防沙治沙试点示范工程成效

川西北地区防沙治沙试点示范工程采取了生物措施和工程措施相结合、多管齐下的措施，遵循"防治结合，综合治理"的方针原则，运用灌、草结合，宜灌则灌，宜草则草的方法因地制宜进行沙化治理。通过连续 6 年的治理，川西北防沙治沙试点示范工程取得了初步成效，针对流动沙地、半固定沙地、固定沙地和露沙地形成了一系列针对性比较强的沙化治理技术，初步发挥了试点示范作用。主要建设成效有以下几点。

(1)初步治理了川西北地区不同类型的高寒沙化土地。根据区域自然地理特征，川西北高寒草地沙化土地主要集中在理塘-甘孜亚区、石渠-色达亚区、若尔盖县-红原亚区三个区域，8 个试点县的分布格局位于三个主要沙化区域的重要节点上，囊括了高寒沙化土地的主要类型，工程实施 6 年来，共计治理各类型沙化土地 16708.95hm²，目前治理区植被盖度平均提高了 20%以上，初步发挥了川西北高寒沙地治理的示范效果。

(2)实践探索了川西北沙化土地的治理技术和模式。经过 6 年的探索与总结，川西北防沙治沙省级试点工程针对流动沙地、半固定沙地、固定沙地、露沙地等主要的沙化土地类型，形成了沙障设置、植灌种草、围栏封育、牛羊粪固沙、挡沙墙设置等几大技术，以及"康定柳沙障+混播牧草种"流动沙地治理模式、"围栏+撒施牛羊粪+鼠害防治"露沙地治理模式、种草植灌综合治理模式、沙源区生物措施与工程措施结合的综合治理模式、"林带+沙障+灌草间种+鼠害防治+工程围栏"流动沙地模式等十余个沙化治理模式，为川西藏区沙化土地治理提供了有效的技术支撑。

(3)探索了有效的治沙工程管理机制。通过川西北防沙治沙省级试点工程建设 6 年时间，在组织管理、计划管理、资金管理等方面取得了一些成功经验：通过建立县乡村管护机制、明确各级管护责任、落实治理区管护人员、签订管护合同，严格控制牲畜践踏和人为干扰，切实保障了植被稳定恢复的环境；同时，针对农牧民是治沙责任主体的特点，综合运用法律、经济、技术、行政等手段，充分调动农牧民参与防沙治沙建设积极性，有效保障了防沙治沙成果。

(4)初步发挥了工程示范带动和引领作用。2013 年 7 月，省林业厅在红原县组织举办了川西藏区生态保护与建设项目防沙治沙培训班，川西藏区 22 个县的管理和技术人员在红原瓦切乡的防沙治沙示范点开展了现场学习。治理示范点先后作为国家、省及地方政府的沙化现场交流点，每年都要开展各类管理和技术培训，为各级领导和技术人员实践证明了川西北沙化可防可治，直观形象地发挥了沙化土地治理工程示范带动和引领作用，为川西藏区生态保护与建设工程提供了技术支撑。

川西北防沙治沙省级试点工程，先后治理各类型沙化土地共计 16708.95hm²，治理区植被盖度平均提高了 20%以上，初步发挥了川西北高寒沙地治理的示范效果。但是，沙化治理具有长期性、艰巨性、复杂性等特点，是一项难度较大的生态工程。自然气候条件恶劣等客观因素决定了川西北防沙治沙的难度，技术措施单一、经验不足制约着川西北防沙治沙的成效，投资标准低影响着川西北防沙治沙的成果，封禁管护陆续到期阻碍着川西北防沙治沙的治理成效。总体来看治理区尚未恢复稳定林草植被和有效发挥生态功能，需要进一步采取有效措施巩固沙化治理成果。

6.1.3　川西北防沙治沙试点示范工程有关技术问题分析

川西北地区防沙治沙试点示范工程在川西北的不同自然地理类型区、不同沙化类型区以及不同沙化土地上成功治理了 25.1 万亩典型沙化土地，不仅从工程实践上充分证明川西北地区沙化土地完全可防可治，而且从治沙技术上丰富了我国高寒沙区的防沙治沙理论。但是川西北地区防沙治沙试点示范工程也面临治沙植物材料单一、栽植灌草成活率低、植物生长缓慢、植被盖度不高、群落稳定性低等突出问题，从工程治理的成效上还客观反映出了川西北地区防沙治沙的复杂性、艰巨性和长期性，包括治理目标定位、沙地土壤改良、沙障设置、治沙植物选择、灌草种植、封禁管护等许多关键技术性问题还需要不断的探索和研究。

1. 治理目标定位

川西北地区沙化土地治理的总体目标是通过改良土壤、固定流沙、种植灌草、封禁管护等主要治理措施，提高沙化土地林草植被盖度，恢复近自然的地带性植被群落，提升沙化土地的生态功能，逐步恢复自然生态系统。从川西北防沙治沙 6 年的工程实践来看，应依据川西北地区沙化土地的类型及严重程度实行分类型指导，分别确定治理恢复的目标定位。

(1) 流动沙地，系川西北地区极重度沙化土地，是影响和危害最重的沙化类型。主要采取生物措施和工程措施相互结合进行综合治理，以流动沙地地块(沙斑)为基本单元，对流动沙地进行围栏封禁后，设置沙障阻风，增施有机肥，栽植灌木，撒播草种，并在其外围营建防风林带，逐步恢复流动沙地"以灌为主、灌草结合"的稀疏人工植被，遏制流动沙地的扩张蔓延。

(2) 半固定沙地，系川西北地区重度沙化土地，是影响和危害较重的沙化类型。主要采取生物措施和工程措施相结合进行综合治理，以半固定沙地地块为基本单元，对半固定沙地进行围栏封禁后，对具有流动特征的斑块设置沙障阻风，增施有机肥，栽植灌木，撒播草种，鼠害防治，并在其外围营建防风林带，逐步恢复半固定沙地"灌草复合"的次生植被群落，使其沙化类型逐步向固定沙化类型转换，形成比较稳定的自然生态系统。

(3) 固定沙地，是川西北地区中度沙化土地，是中重度沙化土地中规模最大、潜在威胁最严重的沙化类型。主要采取生物措施进行综合治理，以固定沙地地块为基本单元，对固定沙地进行围栏封禁后，增施有机肥，补撒草种，逐步恢复区域原有植被群落，形成比较稳定的草原生态系统。

(4) 露沙地，是川西北地区轻度沙化土地，是沙化分布规模最大、可变性最大的沙化类型。主要采取生物措施进行治理，以自然地理和行政区划为主导因子划分露沙地治理单元，在有效降低畜牧承载，实现草畜平衡的情况下对露沙地进行增施有机肥、补撒草种等生物治理措施，逐步恢复原有的草地植被群落，形成稳定的草地生态系统。

2. 沙地土壤改良

川西北地区既是长江黄河源头地区，又是国家重点主体生态功能区，沙化土地土壤改良必须在生态环保的基础上进行。根据川西北地区防沙治沙试点示范工程实践经验，川西北地区沙化土地土壤改良选择当地牛羊等牲畜产生的牛羊粪为主要材料，就近收集腐熟牛羊粪，采取穴施、沟施、撒施等方式施入沙化土壤，逐步改变沙化土地的土壤理化性状，保障沙化土地植物的正常生长发育。

流动沙地土壤基本为沙质，氮、磷极度亏缺，土壤养分状况极差，土壤理化性状已完全不适宜多种植物生长。应在治理初期结合施入腐熟牛羊粪做底肥，从第 2 年开始连续每年普施一次熟牛羊粪做追肥。通过连续 6 年以上每年对沙化土地补充牛羊粪有机肥，可逐步改良流动沙地的土壤理化性状。

半固定沙地土壤以沙质为主，土壤结构恶化，N、P 严重亏缺，土壤理化性状已严重制约植物生长。应在治理初期结合整地施入腐熟牛羊粪做底肥，从第 2 年开始连续 4 年每年普施一次熟牛羊粪做追肥。通过 5 年连续对沙化土地补充牛羊粪有机肥，可逐步改良半固定沙地的土壤理化性状。

固定沙地土壤结构基本完整，N、P 含量低，土壤理化性状已影响植物生长。应在治理时连续 3 年每年撒施一次熟牛羊粪做追肥。通过连续 3 年对沙化土地补充牛羊粪有机肥，可逐步改良固定沙地的土壤理化性状。

露沙地以草地土壤为主，土壤结构完整，主要是土壤养分含量不足，影响草地植被的生物生产力。应在治理时连续 3 年每年撒施一次熟牛羊粪补肥。通过连续 3 年对沙化土地补充牛羊粪有机肥，可逐步改良露沙地的养分状况。

3. 沙障设置

川西北地区沙化土地包含流动沙地、半固定沙地、固定沙地和露沙地等四种类型，其中流动沙地、半固定沙地都属于不稳定的沙地，在风的作用下会处于移动状态。根据川西北地区防沙治沙试点示范工程的实践，对于流动沙地和半固定沙地必须采取沙障措施进行沙化固定，目前探索总结出了适宜川西北地区的四种主要沙障，具有较好的沙化固定效果。

(1)柳条沙障。采用无病虫害、色泽正常、有萌蘗能力、未萌动的匀称健壮的康定柳枝条作为沙障原材料，分别修剪成柳桩和柳条，采用柳桩固定，在桩与桩之间用柳条交叉编织成柳笆，按 2m×4m、3m×3m、4m×4m 等不同规格形成方格状的沙障，能起到有效固定沙化的效果。柳条沙障具有容易就近获得材料、施工工艺简单、保存期较长、部分柳条还可萌生等优点，但也存在柳条资源消耗大、劳动力需求大等不利因素，适宜于柳条资源丰富的沙化治理区。

(2)竹帘沙障。采用竹条通过机械编制形成的竹帘，依据沙化流动程度按 2m×4m、3m×3m、4m×4m 等不同规格挖沟埋置竹帘形成方格状的沙障，能起到有效固定沙化的效果。竹帘沙障具有材料能规模化生产、现场施工简单快捷等优点，但也存在加工制作成本高、与自然环境不协调等不利因素，竹帘沙障适宜于其他材料难以获得、地广人稀的沙化治理区。

(3)草帘沙障。采用稻草、麦草等秸秆资源，用绳简单编织成草帘，按 2m×4m、3m×3m、4m×4m 等不同规格挖沟埋置草帘形成方格状的沙障，能起到有效固定沙化的效果。草帘沙障具有材料资源丰富、现场施工简单快捷等优点，但也存在运输成本高、保存期较短等不利因素，草帘沙障适宜于其他材料难以获得、交通相对便捷的沙化治理区。

(4)沙袋沙障。采用可降解的环保型成品袋状材料，用沙或泥土填充装带，并可混入适宜植物种子，形成直径 30~40cm，长 4~6m 的沙袋，再按沙障不同规格筑成方格状的沙袋沙障。沙袋沙障具有材料为商品化生产、施工过程简单、保存期长等优点，但也存在商品生态袋价格高、填充劳动力强度大等不利因素，沙袋沙障适宜于其他材料难以获得、劳动力资源富集的沙化治理区。

4. 治沙植物选择

川西北地区存在海拔高、气温低、立地条件差等诸多不利因素，野生植物种质资源相对贫乏,适宜人工种植的植物种类更为稀少,川西北地区防沙治沙试点示范工程先后在不同沙地人工试验种植了大量乡土植物,初步筛选出了一批适宜治沙的植物材料。川西北地区治沙植物应主要选择适应性强、耐低温、耐沙埋、耐瘠薄、抗干旱、抗风,生长旺盛、根系发达、固土力强的乡土植物,外来物种必须是通过多年引种驯化并取得成功的植物。

(1)乔木。川西北地区的轻、中度沙化土地,以及在沙化土地外围周边营造防风林带区域,一般土层较深厚,土壤结构完整,立地条件相对较好,适宜选择乔木树种作为治沙植物或防风林带树种栽植。主要适宜种类有:川西云杉、紫果云杉、粗枝云杉、四川红杉、岷江冷杉、鳞皮云杉、大果园柏、大果红杉、西南杨、光果西南杨、青杨、乡城杨、康定杨等。

(2)灌木。川西北地区的中、重度沙化土地,土壤以沙质为主,土壤结构差、肥力低,适宜选择抗性强的灌木作为治沙植物。主要种类有:康定柳、白柳、乌柳、细齿柳、绵穗柳、旱柳、华西柳、中国沙棘、西藏沙棘、枸杞、二色锦鸡儿、川西锦鸡儿、西藏锦鸡儿、茶藨子、小檗、三颗针、窄叶鲜卑花、金露梅、银露梅、变叶海棠、花叶海棠、茶藨子、绣线菊等。

(3)草本。川西北地区原生植被主要为高原草地,草本植物是本区域的主要植物种,在不同沙化类型土地都需选择抗性强、生物生产力高的草种作为治沙植物。主要种类有:老芒麦、硬秆仲彬草、垂穗披碱草、青海固沙草、剪股颖、芒草、芸香草、棒头草、早熟禾、芨芨草、紫菀、三叶红、豆草、莨菪、薰衣草、秦艽、红景天、独一味、大黄、羌活、甘草、草木犀、刺豆、燕麦、黑麦草、柳穿鱼、柳兰等。

5. 治沙乔灌木植物种植

川西北地区防沙治沙试点示范工程在总体布局上以撒播草种恢复草地植被为主,适度人工种植乔灌营造灌草复合植被群落。由于治理区海拔高、气温低、立地差、植物生长期短等因素,为加快沙地的植被恢复进程,先后探索总结出了川西北地区治沙乔灌木植物种植的实用技术,在沙化治理工程中发挥了积极的作用。

(1)"大穴整地+客土回填+多株丛植"沙地栽植技术。主要是针对流动沙地、半固定沙地等立地条件极差的中重度沙地,通过客土回填为植物栽植后短期内的生长提供基本的土壤保障,通过多株丛植来缓解栽植成活率低的矛盾。主要适宜康定柳、金露梅、沙棘、锦鸡儿等灌木种植。

(2)"小穴整地+容器苗+截干修枝"沙地栽植技术。营养袋、生态袋等容器苗木,其根系与营养土已形成稳定的结构,采取小穴整地尽量减少干扰,截干修枝减少地上部分的营养消化以适应沙地环境,有效提高栽植植物的成活率。由于容器苗的特殊性,适宜多种治沙植物种植。

(3)"大穴整地+土团大苗+修枝剪叶"沙地栽植技术。土团大苗其根系与营养土已形成稳定的结构,采取大穴整地为土团放置创造基础,修枝剪叶尽量减少苗木地上部分的蒸腾和营养消化,有效提高栽植植物的成活率。主要适合一些重要沙化地段的快速治理,适宜云杉、冷杉、落叶松、康定柳、沙棘等植物。

(4)"小穴+促生根处理+减蒸腾处理"沙地栽植技术。主要针对轻中度沙化土地或防风林带营造地类，具备造林的基本立地条件，在苗木采用生根粉处理技术、保水剂处理技术、泥浆浸根等醋生根处理后，通过造林覆盖技术、修枝截杆处理技术，减少土壤水分蒸发和苗木蒸腾，为植物生长创造适宜的微生境，以促进苗木成活及生长。主要适宜云杉、冷杉、落叶松乔木树种植苗造林栽植。

6. 封禁管护

川西北地区土地沙化除自然地理因素外，很重要的原因是草地超载过牧导致草地退化沙化，降低牲畜承载量是沙化治理的重要措施之一。从川西北地区防沙治沙试点示范工程实践看，对沙化土地实施封禁管护措施有效减少了对沙地的人为干扰，大幅度降低或禁止了牲畜活动，使沙化土地得到逐步修复。

(1)封禁对象。流动沙地、半固定沙地等严重沙化土地，应沿其周边设置围栏进行完全封闭，禁止任何生产经营活动和牲畜进出；半固定沙地、固定沙地等中度沙化土地，在不能全面设置围栏的情况下，应在人为生产经营活动频繁、牲畜进出主要通道等重要地段局部设置围栏，有效降低沙地的人为活动强度及草地的载畜量；固定沙地、露沙地等轻度沙化土地，通过设立标示标牌、政策引导及宣传教育，降低沙地的人为活动强度及草地的载畜量。

(2)围栏设置。一般采取机械围栏和生物围栏等方式进行封禁，原则上以相对完整的沙地地块为基本单元进行封围，多个沙地地块紧邻且相对集中适当合并封围，每块围封面积不大于 333hm^2。围栏有刺丝(铁丝)围栏、网围栏、枝条围栏、土石墙围栏、灌木生物绿篱等主要类型，川西北地区推广使用最多的为刺丝(铁丝)围栏，由水泥桩(或木状、角钢)和刺丝两部分组成，围栏高 1.5～1.8m，四周完全封闭、坚固结实、抗牲畜碰撞，应尽量选择耐低温、抗冰冻的材料以延长围栏使用寿命。

(3)封禁期限。实施围栏封围后除进行与沙化治理相关的活动外，实施连续 8 年以上封禁，进行 8 年以上的管护，采取固定人员长期巡护，设置相对固定、醒目的标示标牌，注明封禁方式、封禁期限、注意事项等，禁止各种人为干扰和牲畜进出。已达封禁期限并实现封禁目标的及时解封，对已达封禁期限但未实现封禁目标的继续进行封禁管护。

6.1.4　讨论

(1)进一步明确以林草植被恢复为中心的沙化治理指导思想。川西北地区沙化土地治理是一项综合性的系统工程，既涉及生态、经济、社会等诸多方面，又涉及土壤改良、流沙固定、灌草种植、围栏封禁等多个技术环节，是极其复杂的生态治理工程。但是，沙化土地治理的核心是恢复植被和恢复生态功能，因此，川西北地区沙化土地治理必须坚持以提高林草植被盖度为中心，突出生物措施与工程措施相结合，根据灌治沙、灌草结合的基本治沙理念，注重选择适宜树草种，注重技术措施优化，注重治理与保护结合，注重改善老百姓生产生活条件，逐步构建稳定的灌草复合沙地植被生态系统。

(2)进一步坚持生物措施为主、工程措施结合的综合治理理念。沙化土地治理具有生态性、公益性、基础性和重要性的基本特征，其生态功能恢复为基本属性，应按照生态治理工程进行顶层设计。川西北地区沙化土地治理从系统角度包含沙化治理的各方面建设要素，不仅要考虑林草植被恢复建设内容，还应包括土壤改良、沙障建设、围栏设置、施工便道等配套基础设施，同时需兼顾沙区农牧民生产生活条件、产业转型升级等经济社会因素。

(3)进一步注重新技术新材料的运用，提高沙化治理科技含量。沙化土地治理是一项科技含量较高的生态治理工程，新技术、新材料、新工艺的充分运用可有效提高沙化治理成效。川西北地区防沙治沙试点示范工程先后结合工程施工开展了大量的相关试验研究，如生态毯覆盖技术、生态袋苗木培育技术、沙袋沙障营建技术、土壤有机改良剂配方等新技术新材料，在川西北地区沙化治理中已取得明显的生态治理效果，建议在川西北地区沙化治理工程中专列一定比例的科技支撑经费，整合科技力量，进一步加强治沙工程科技支撑，加大已有成熟、实用的新技术新材料的推广应用，继续开展防沙治沙关键技术的研究与示范，通过科技创新进一步提高川西北地区防沙治沙工程的建设质量和水平。

6.2　川西北高寒沙地林草植被恢复策略研究

川西北高寒沙地恢复是一项综合性的系统工程，既涉及生态、经济、社会等诸多方面，又涉及土壤改良、流沙固定、灌草种植等多个技术环节，是极其复杂的生态恢复工程。但是沙化土地恢复的核心是恢复植被和恢复生态功能，必须坚持以提高林草植被盖度为中心。

研究通过采用野外调查、典型试验研究相结合的方法，基于上述针对 8 个川西北防沙治沙试点工程试点县的全面系统调查和成效分析，结合在典型县开展的高寒沙地治理过后植被和土壤的变化动态研究，对川西北高寒区所开展的沙化恢复模式进行了全面的分析，进而按照不同的沙化土地类型提出三大植被恢复策略，实现高寒沙地的分区分类治理。

(1)流动沙地林草植被恢复"固沙措施先行，以灌为主、灌草结合"。川西北高寒区一个突出的气候特点是风速大、强风天数多，以若尔盖县为例，该地区平均风速 2.4m/s，最大风速可达 40m/s，大风日数多达 50 余天，因此流动沙地的恢复首要的措施是固定流沙，如不首先采用工程措施进行流沙固定，单纯采取植灌种草措施，一旦春天大风起，灌木幼苗和牧草种子都被席卷一空，不能达到林草植被恢复的目的。采取方格沙障措施进行流沙固定后，还要转变以往以草为主的传统恢复思路，不同模式的成效分析结果表明流动沙地上仅采取播种牧草措施后群落结构脆弱，部分流动沙地仅有草地覆盖，不能起到固定流沙、改善微生境的效果，不能形成稳定的群落结构，而辅以灌木栽植措施后林草盖度平均提高20%以上，流沙亦基本固定，因此流动沙地的林草植被恢复要遵循"固沙措施先行，以灌为主、灌草结合"的总体原则。

(2)固定半固定沙地林草植被恢复"以草为主、草灌结合"。固定半固定沙地属中度沙化类型，根据对该类型的沙化土地恢复模式进行对比分析，结果表明恢复 4 年后，灌草复合的恢复措施植被盖度平均提高25%，而补播牧草措施的植被盖度仅提高10%，因此固定半固定沙地的恢复要遵循"以草为主、草灌结合"的原则，致力于构建高寒草地上群团状分布灌丛的稳定植被群落。

(3)露沙地林草植被恢复"预防为主，补草补肥"。露沙地类型沙化程度较轻，仅有斑点状流沙出露或疹状灌丛沙堆分布，一般来说植被较好，通过适当补草补肥措施即可达到植被恢复的目的。

综上所述，根据对不同类型沙化土地林草植被恢复的系统研究，提出流动沙地林草植被恢复应"固沙措施先行，以灌为主、灌草结合"，固定半固定中度沙化土地林草植被恢复应"以草为主、草灌结合"，轻度沙化土地林草植被恢复应"预防为主、补草补肥"的总体策略，为区域林草植被恢复的基本方向提供指导，为政府的宏观决策提供依据。

6.3　主要林草植被恢复模式比较

从 20 世纪 90 年代开始，川西北地区的若尔盖等县不断摸索、总结，积极开展沙化土地治理。进入 21 世纪，通过开展全国防沙治沙综合试点区建设项目和川西北地区防沙治沙试点示范工程，在川西北高寒沙地进行了试点示范建设，形成了大量用于治理流动沙地、固定半固定沙地、露沙地的恢复模式。本研究从 2012 年起对川西北高寒沙地治理县，特别是省级防沙治沙试点示范项目开展的县进行沙化土地恢复模式调查，获取了 30 种主要恢复模式，通过设置调查样地，全面评估了不同类型沙化土地恢复模式的恢复效果。

6.3.1　流动沙地林草植被恢复

在扩张趋势不明显的极重度沙化土地类型中，通过沙障对流沙的固定，消除了风蚀、沙埋、沙割等作用，为植物的生长提供了有利的环境，并为进一步灌草等植物固沙创造了条件。根据表 6.3，只进行灌草栽植(模式 1)，未对流沙进行固定，恢复后盖度仅提高 3%，地表植被变化不明显，灌木保存率只有 3%；而采用方格沙障固沙、丛植灌木与混播牧草(模式 4)，恢复后流沙基本得到固定，植被盖度提高了 30%，且灌木保存率达到 70%，地表灌木保存率和植被盖度均得到显著的提高。

表 6.3　川西北高寒流动沙地主要恢复模式汇总表

模式号	恢复模式	实施地点	沙化类型		成效调查				备注
					植被盖度(%)		灌木	草本	
			治理前	调查时	治理前	调查时	保存率(%)	主要优势种	
1	灌草栽植	若尔盖县辖曼乡	流动沙地	流动沙地	5	8	3	披碱草、青藏薹草	流沙未有效固定
2	方格沙障固沙、灌木种点播与牧草播种	理塘县奔戈乡	流动沙地	半固定沙地	5	20	15	沙蒿、垂穗披碱草	治理前侵蚀明显
3	方格沙障固沙、灌木扦插与牧草播种	若尔盖县阿西乡	流动沙地	半固定沙地	5	20	10	青藏薹草、垂穗披碱草	风蚀严重，流沙蔓延减弱
4	方格沙障固沙、丛植灌木与混播牧草	若尔盖县辖曼乡	流动沙地	固定沙地	5	35	70	赖草、披碱草	流沙得到有效固定
5	工程挡沙墙、方格沙障固沙、丛植灌木与混播牧草	理塘县奔戈乡	流动沙地	固定沙地	5	35	60	青藏薹草、垂穗披碱草	有效阻止沙的蔓延

续表

模式号	恢复模式	实施地点	沙化类型		成效调查				备注
					植被盖度(%)		灌木	草本	
			治理前	调查时	治理前	调查时	保存率(%)	主要优势种	
6	防风林带、迎风坡方格沙障固沙与灌草种植	红原县瓦切镇	流动沙地	半固定沙地	5	25	45	披碱草、老芒麦	流沙部分基本得到固定
7	防风林带锁边、方格沙障固沙、丛植灌木与混播牧草	红原县瓦切镇	流动沙地	固定沙地	3	35	75	披碱草、老芒麦	防风,流沙得到固定,已开始结皮
8	防风林带锁边与播种牧草	若尔盖县辖曼乡	流动沙地	半固定沙地	3	20	—	露蕊乌头、青藏薹草	有效阻止沙的蔓延

在扩张趋势明显的极重度沙化土地类型中，模式 7(防风林带锁边、方格沙障固沙、丛植灌木与混播牧草)在流动沙地周边栽植防风林带，恢复后植被盖度提高了 32%，灌木保存率达到 75%，且沙地扩大趋势得到遏制，基本未向外扩张；而模式 3(方格沙障固沙、灌木扦插与牧草播种)未在沙地周边设置防风林带，恢复后植被盖度仅提高 15%，灌木保存率只有 10%，且沙地继续向外扩张。这表明，在扩张趋势明显的极重度沙化土地类型中，通过营建防风林带能有效阻止沙的蔓延，遏制沙地的继续恶化，促进地表植被的恢复。

同时，在高原面构造剥蚀沙化高山草甸土立地类型恢复中，挡沙墙能有效阻止沙的蔓延，遏制沙地的继续恶化。模式 5(工程挡沙墙、方格沙障固沙、丛植灌木与混播牧草)与模式 2(方格沙障固沙、灌木种点播与牧草播种)相比，挡沙墙外沙的流动距离与没有挡沙墙的分别为(0.4m/a)和(4m/a)，表明挡沙墙削弱了降雨形成的地表径流的冲刷，使冲蚀沟内流沙得到阻挡而固定。

另外，植苗方式的不同对灌木保存率也存在影响。模式 2(方格沙障固沙、灌木种点播与牧草播种)、模式 3(方格沙障固沙、灌木扦插与牧草播种)和模式 4(方格沙障固沙、丛植灌木与混播牧草)相比，采用丛植栽植方式的灌木保存率达到 70%，扦插为 10%，点播为 15%，这表明在流动沙地中，灌木丛植栽植能有效提高灌木的保存率。

综上所述，在扩张趋势不明显的极重度沙化土地类型中，必须先采取沙障等工程固沙措施对流动沙地进行固定，为植物的生长提供有利的环境，再栽植灌木对流沙进一步进行固定，结合撒播混合草种提高地表植被盖度，能有效地对沙地进行恢复。在扩张趋势明显的极重度沙化土地类型中，在固沙措施先行，以灌为主、灌草结合恢复的基础上，必须在流沙周边设置防风林带，阻止流沙向外扩张蔓延，遏制沙地的继续恶化，才能对沙地进行有效恢复。在高原面构造剥蚀沙化高山草甸土立地类型恢复中，在固沙措施先行，以灌为主、灌草结合恢复的基础上，必须针对冲蚀沟这一典型特征采用挡沙墙等措施，削弱降雨形成的地表径流的冲刷，使冲蚀沟内流沙得到阻挡而固定，才能有效地对沙地进行恢复。

6.3.2　固定半固定沙地林草植被恢复

在重度沙化土地立地类型恢复中，对于流沙特征不明显的沙地，通过植灌种草能有效提高地表植被盖度，促进其恢复进程。根据表 6.4，通过模式 9(混播牧草)恢复后地表植被盖度仅提高 5%，而通过模式 10(均匀性灌木栽植与混播草种)恢复后，提高了 30%，差异显著。另外，与模式 10 相比，通过模式 11(均匀性经济性灌木栽植与混播牧草)恢复后，地表植被盖度也提高了 30%，同样起到了生态效益，但其还能产生更大的经济效益，灌木的果实、叶片等能为牧民带来经济收入。

表 6.4　川西北高寒固定半固定沙地主要恢复模式汇总表

模式号	恢复模式	实施地点	沙化类型		植被盖度(%)		灌木	草本	备注
			治理前	调查时	治理前	调查时	保存率(%)	主要优势种	
9	混播牧草	石渠县长沙干玛乡	半固定沙地	半固定沙地	15	20	—	老芒麦、矮生嵩草	
10	均匀性灌木栽植与混播草种	若尔盖县辖曼乡	半固定沙地	固定沙地	15	45	60	披碱草、老芒麦	
11	均匀性经济性灌木栽植与混播牧草	若尔盖县麦溪乡	半固定沙地	固定沙地	15	45	60	披碱草、老芒麦	生态效益与经济效益结合
12	带状沙障，群团状灌木丛植与混播牧草	若尔盖县麦溪乡	半固定沙地	固定沙地	15	50	65	老芒麦、垂穗披碱草	
13	群团状灌木单植，牧草播种	红原县瓦切镇	半固定沙地	固定沙地	15	35	30	蕨麻、老芒麦	治理前存在一定流沙特征
14	部分方格沙障固沙与灌草种植	红原县瓦切镇	半固定沙地	固定沙地	15	50	60	老芒麦、肉果草	
15	防风林带与灌草种植	若尔盖县麦溪乡	半固定沙地	固定沙地	15	35	60	老芒麦、肉果草	
16	防风林带，部分方格沙障固沙与灌草种植	红原县瓦切镇	半固定沙地	固定沙地	12	50	65	老芒麦、肉果草	
17	竹帘沙障与牧草播种	石渠县俄多玛乡	半固定沙地	固定沙地	20	35	—	老芒麦、矮生嵩草本	有效降低风速
18	灌木种点播与牧草种播种	理塘县奔戈乡	半固定沙地	固定沙地	20	35	10	老芒麦、沙嵩	
19	防风林带与牧草补播	阿坝县查理乡	半固定沙地	固定沙地	20	30	—	披碱草、高山嵩草	
20	补播牧草	红原县瓦切镇	固定沙地	露沙地	40	60	—	老芒麦、赖草	
21	群团状灌木丛植与混播牧草	红原县瓦切镇	固定沙地	露沙地	25	65	70	老芒麦、蕨麻	
22	群团状观赏性灌木密植+混播牧草	稻城县金珠镇	固定沙地	露沙地	30	70	65	老芒麦、蕨麻	植被恢复与观赏性结合
23	补播单一牧草	红原县瓦切镇	固定沙地	露沙地	40	50	—	老芒麦、蕨麻	

续表

模式号	恢复模式	实施地点	沙化类型		成效调查				备注
					植被盖度(%)		灌木	草本	
			治理前	调查时	治理前	调查时	保存率(%)	主要优势种	
24	防风林带与牧草补播	阿坝县贾洛乡	固定沙地	固定沙地	35	50	—	老芒麦、蕨麻	
25	防风林带,岛屿状植灌与牧草补播	壤塘县上壤塘乡	固定沙地	固定沙地	30	50	75	老芒麦、蕨麻	
26	施肥与混播牧草	若尔盖县辖曼乡	固定沙地	露沙地	35	70	—	老芒麦、蕨麻	

在重度沙化土地立地类型恢复中,对于有一定流沙特征的沙地,对流沙特征的区域进行固定,能有效提高灌木保存率和地表植被盖度。模式 13(群团状灌木单植,牧草播种)和模式 12(带状沙障,群团状灌木丛植与混播牧草)恢复后,地表植被盖度分别提高了 20%和 35%,灌木保存率分别为 30%和 65%,这表明在流沙特征的地块,沙障对流沙的固定为植物的生长提供了良好的生长环境,有利于沙化的恢复。另外,模式 14(部分方格沙障固沙与灌草种植)、模式 16(防风林带,部分方格沙障固沙与灌草种植)恢复后,地表植被盖度分别提高了 35%和 38%,灌木保存率分别为 60%和 65%,与模式 12 相比差异不明显,这表明在中度沙化土地中,通过带状沙障和灌草种植就能起到很好的恢复效果。

此外,在中度沙化土地立地类型恢复中,通过以草为主,灌草结合的恢复,能更加有效地促进地表植被的恢复。模式 20(补播牧草)恢复后,地表盖度提高了 20%,而模式 26(施肥与混播牧草)恢复后,地表盖度提高了 35%,两者差异显著,这表明,通过施肥能有效促进植被的恢复。而模式 21(群团状灌木丛植与混播牧草)恢复后,盖度提高了 40%,这表明,在沙地中栽植一定量的灌木能极大地促进地表植被恢复的进程。另外,与模式 21 相比,通过模式 22(群团状观赏性灌木密植+混播牧草)恢复后,地表植被盖度也提高了 40%,同样起到了生态效益,但其花、叶片等还能产生观赏性。

综上所述,在重度沙化土地立地类型恢复中,对于流沙特征不明显的沙地,通过植灌种草能有效提高地表植被盖度,促进其恢复进程,且在有条件区域可栽植经济性灌木;对于有一定流沙特征的沙地,在局部工程措施固沙的基础上,通过灌草结合能有效提高灌木保存率和地表植被盖度。在中度沙化土地立地类型恢复中,通过以草为主,灌草结合的恢复,能更加有效地促进地表植被的恢复,且在有条件区域可栽植观赏性灌木。

6.3.3　露沙地林草植被恢复

在露沙地恢复中,通过补草补肥,能有效促进草地的恢复。根据表 6.5,模式 28(牧草补播)恢复的沙地中,植被盖度提高了 20%,而模式 29(补肥与补播牧草)恢复后,植被盖度提高了 40%,这表明在补播牧草的同时采取补肥措施,能加速沙地植被的恢复,促进植被的演替。而在水源充足的区域,在补肥补播牧草的同时,适当种植汉藏药材(模式 30),恢复后,地表植被盖度提高了 35%,同样能起到恢复地表植被的效果,还能带来经济效益。另外,在草地沙化轻微、地表植被相对高的沙地,直接通过封育管护后,植被盖度提高了

25%，同样能起到恢复地表植被的效果。

表 6.5　川西北高寒露沙地主要恢复模式汇总表

模式号	恢复模式	实施地点	沙化类型		成效调查		草本	备注
			治理前	调查时	植被盖度(%)治理前	调查时	主要优势种	
27	封育管护	红原县瓦切镇	露沙地	露沙地	65	90	老芒麦、高山嵩草	草地沙化程度轻微
28	牧草补播	若尔盖县辖曼乡	露沙地	露沙地	55	75	老芒麦、发草	
29	补肥与补播牧草	若尔盖县麦溪乡	露沙地	露沙地	55	95	老芒麦、发草	
30	补肥+补播牧草+种植汉藏药材	石渠县俄多玛乡	露沙地	露沙地	55	90	老芒麦、高山嵩草	水源充足

综上所述，在露沙地恢复中，通过补草补肥能有效促进草地的恢复；而在草地沙化轻微地块中，通过封育管护同样能起到恢复地表植被的效果。

6.4　川西北高寒沙地林草植被恢复模式构建

6.4.1　恢复类型与技术模式筛选

从主要林草植被恢复模式比较来看，30 个模式中从流沙固定、植被盖度提高、植物多样性增加、灌木保存率增加等多个林草恢复指标的对比分析可知，沙化土地类型与林草植被恢复措施极其相关。与 11 个成效相对较好的技术模式相比，其他技术模式有的流沙未能得到固定（模式 1），有的植被盖度提高效果不显著（模式 8、模式 23 等），有的灌木保存率较低（模式 3），都未能达到固定流沙、提高盖度的林草植被恢复目的（表 6.3～表 6.5）。

因此研究从流沙固定、植被盖度提高、植物多样性增加、灌木保存率等多个指标出发，对 8 个试点县 30 个主要林草植被恢复模式的恢复成效进行全面分析，通过技术的集成和组合，针对不同立地类型沙地构建川西北高寒沙化土地林草植被恢复 3 大恢复类型 11 项技术模式，为川西藏区沙化土地恢复提供技术支持。流动沙地林草植被恢复类型针对流动沙地流动性强的突出问题，遵循"固沙措施先行，以灌为主、灌草结合"的恢复策略，兼顾风蚀类型和水蚀类型，主要包括"方格沙障+丛植灌木+混播牧草生态恢复模式""工程挡沙墙+方格沙障+丛植灌木+混播牧草生态恢复模式""防风林带锁边+方格沙障丛植灌木+混播牧草生态恢复模式"三个技术模式。固定半固定沙地林草植被恢复类型遵循"以草为主、草灌结合"的恢复策略，主要包括"带状沙障+群团状灌木丛植+混播牧草生态恢复模式""群团状灌木丛植+混播牧草生态恢复模式""均匀经济性灌木栽植+混播牧草生态经济型恢复模式""群团状观赏性灌木密植+混播牧草生态观光型恢复模式""施肥+混播牧草生态恢复模式"五个技术模式。露沙地林草植被恢复类型遵循"预防为主，补草补肥"的恢复策略，主要包括"封育管护生态恢复模式""补肥+补播牧草优良草场恢复模式"和"补肥+补播牧草+种植汉藏药材生态经济型恢复模式"三个技术模式。

6.4.2　主要恢复类型与技术模式

表 6.6 汇总了西北高寒沙地林草植被的主要恢复类型与技术模式。

表 6.6　西北高寒沙地林草植被恢复模式汇总表

类型	模式号	治理模式	关键技术	适宜立地类型	模式单价(元/亩)
流动沙地林草植被恢复类型	1	方格沙障+丛植灌木+混播牧草生态恢复模式	沙障固沙、土壤改良、乔灌木栽植技术	1、6、11、15、20、24	3200~4000
	2	工程挡水墙+方格沙障+丛植灌木+混播牧草生态恢复模式	沙障固沙、土壤改良、乔灌木栽植技术	5	3700~5000
	3	防风林带锁边+方格沙障丛植灌木+混播牧草生态恢复模式	沙障固沙、土壤改良、乔灌木栽植技术	1、6、10、11、15、19、20、24	3500~4000
固定半固定沙地林草植被恢复类型	4	群团状灌木丛植+混播牧草生态恢复模式	土壤改良、乔灌木栽植技术	2、3、7、8、12、13、16、17、21、22、25、26	700~850
	5	带状沙障+群团状灌木丛植+混播牧草生态恢复模式	沙障固沙、土壤改良、乔灌木栽植技术	3、7、12、16、21、25	1100~1500
	6	均匀经济性灌木栽植+混播牧草生态经济型恢复模式	土壤改良、乔灌木栽植技术	2、3、7、8、12、13、16、17、21、22、25、26	950~1100
	7	群团状观赏性灌木密植+混播牧草生态观光型恢复模式	土壤改良、乔灌木栽植技术	2、3、7、8、12、13、16、17、21、22、25、26	1000~1300
露沙地林草植被恢复类型	8	施肥+混播牧草生态恢复模式	土壤改良技术	3、8、13、17、22、26	450~600
	9	封育管护生态恢复模式	—	4、9、14、18、23、27	50~100
	10	补肥+补播牧草优良草场恢复模式	—	4、9、14、18、23、27	250~350
	11	补肥+补播牧草+种植汉藏药材生态经济型恢复模式	—	4、9、14、18、23、27	800~1200

1. 流动沙地林草植被恢复类型

模式 1：方格沙障+丛植灌木+混播牧草生态恢复模式

1) 适用立地类型

该模式主要适用于立地类型 1、6、11、15、20、24 等极重度沙化土地。

2) 模式特征

该立地类型的沙化土地是影响和危害最重的沙化类型。主要采取生物措施和工程措施相互结合进行综合治理，以流动沙地地块(沙斑)为基本单元，对流动沙地进行围栏封禁后，设置沙障阻风，增施有机肥，栽植灌木，撒播草种，逐步恢复流动沙地的灌草植被，遏制流动沙地的扩张蔓延。该模式能很好地固定流沙，促进地表植被快速恢复，但也存在工程量大的问题。

3) 技术要点

(1) 围栏设置。主要分为机械围栏(刺丝围栏、网围栏及土石墙围栏等)和生物围栏(密集栽植灌木或灌木状小乔木)两大类。原则上以相对完整的流动沙地地块为基本单元进行封围,多个流动沙地地块紧邻且相对集中适当合并封围,每块围封面积不大于 333hm²。规格等详见《川西北地区沙化土地治理技术规程》(DB51/T-1892—2014)。

(2) 沙障设置。主要有植物沙障和机械沙障两种,禁用不可降解的合成材料。植物沙障选择生长快、萌蘖能力强、纤维长的乔灌木进行主干密插、枝条人工编织沙障,如康定柳、高山杨等植物,主要适用于立地类型 1、6、11、15、20、24 等灌木材料来源较丰富区域;机械沙障使用竹帘沙障、草(草帘)沙障、秸秆沙障、石砾沙障、生态袋沙障及其他材料沙障等,主要适用于立地类型 1、6、11、15、20、24 等灌木来源较缺乏区域,其中石砾沙障、生态袋沙障尤其适用于立地类型 11、20 等坡度较缓的极重度沙化土地。沙障一般采用网格状设置,全面覆盖需治理的流动沙地,网格规格控制在 (1m×1m) ～(4m×4m)。沙障建设主要技术流程为:将沙障主要材料运至实施地块分类堆放,按沙障规格形成施工平面图,按施工图用石灰进行放线,按不同沙障类型营建沙障,沙障规则几何分布,并与主风向呈垂直关系,达到治理小班内 95%以上的流动沙地都需设置完整的沙障。沙障营建完成后,清除沙障施工产生的一切剩余物,恢复保持沙化土地现状。

(3) 施肥。选择腐熟的牛羊粪或者其他有机肥,禁用化学肥料。一般采用穴状、沟施、撒施三种方式。底肥施肥量为腐熟牛羊粪(自然风干重) 9～15t/hm²,其他有机肥按其有效成分进行相应计算;追肥量(次年)为腐熟牛羊粪(自然风干重) 4.5～7.5t/hm²,以后逐年递减。底肥在围栏封禁后灌草种植前的 15～30d 内进行。穴状施肥主要针对灌木种植,在挖好的种植穴内每穴施 0.5～0.75kg 腐熟牛羊粪;沟状施肥主要针对人工撒播草种,在沙地平整前按间距 1.0～1.5m 挖出深 30cm 宽 30～40cm 的施肥沟,沿沟进行施肥,施肥量按沟长度计算为 0.5kg/m;撒施主要针对种植后植物生长的追肥,按施肥量达到基本均匀撒施,从次年开始每年追肥,一般连续追肥三次以上。

(4) 灌木栽植。选择适应性强、耐低温、耐沙埋、耐瘠薄、抗干旱、抗风,生长旺盛、根系发达、固土力强的灌木树种,优先选用乡土灌木。若采用新品种灌木植物,必须是经过品种鉴定或认定的适生植物;若采用外来植物时,选择经过引种试验并已取得成功的优良植物。栽植方式采用丛植方式,丛植按每穴 3～5 株进行,丛栽植株行距为 (2.0m×2.0m) ～(2.0m×3.0m),栽植密度为 4000～8000 株/hm²。灌木种苗优先推广使用生态袋、营养袋等容器苗木,裸根苗尽量保证苗木根系完整,禁用无须根的苗木。种植穴规格为 (30cm×30cm×40cm) ～(40cm×40cm×60cm);栽植季节春季(4月下旬至 5月下旬)或秋季(9月中旬至 10月中旬);栽植前对种苗进行泥浆浸根、修枝、断梢等苗木处理;栽植根据树种生物学特性适当深栽,培土雍蔸,栽紧压实;对有水源条件的治理小班浇足定根水;栽植完成后清除剩余物、轻耙松土、平整地表。对栽植成活率低于 80%的治理小班在次年进行灌木补植,连续补植两年;对具有萌蘖能力的灌木树种从次年开始每年春季进行一次平茬复壮。

(5) 牧草播种。选择耐低温、耐瘠薄、抗干旱、萌生能力强的一年生和多年生草种,优先使用国家、省及地方审(认)定的优良适宜草种。人工撒播须采取多草种混播,筛选三个以上适宜优良草种,并分别有一年生和多年生草种。多年生与一年生草种的比例为 7∶3 或 8∶2。草种在播种前进行变温、去芒、消毒三个环节处理,按照《人工草地建设技术规程》(NY/T 1342—2007)相关规定执行。草种撒播前对沙地进行轻耙松土和平整,注意保护好原生植被和栽植植物;在春季(5 月中下旬)进行人工撒播,在雨后进行;对混播的所有草种充分拌匀,混合草种的播种量 50～75kg/hm²。对草本盖度低于 80%的治理小班在次年进行补撒播,视盖度高低确定播种量;对治理小班连续 8 年封禁保护草本植被。

(6)封禁管护:施围栏封围后除进行与沙化治理相关活动外,实施连续 8 年以上封禁,进行 8 年以上的管护,参照《封山(沙)育林技术规程》(GB/T-15163—2004)相关规定,采取固定人员长期巡护,设置相对固定、醒目的标示标牌,注明封禁方式、封禁期限、注意事项等,禁止各种人为干扰和牲畜进出。已达封禁期限并实现封禁目标的及时解封;对已达封禁期限但未实现封禁目标的继续进行封禁管护。

4)成效评价

若尔盖县在 2007 年度省级防沙治沙试点示范工程中设计了该模式。项目区位于若尔盖县辖曼乡的文戈村,2008 年实施沙化治理,首先采用 2m×4m 的方格柳条沙障对流动沙丘进行固定后,按 2m×2m 的株行距丛植 2 年生康定柳扦插苗,每公顷撒播 60kg 的混合牧草,并每公顷撒施 10t 的牛羊粪,最后设置围栏,并进行 5 年的管护。2013 年在当年的恢复区内设置样方进行调查。

调查分析结果表明,柳条沙障降低了近地表风速 73%,减弱了风的作用力,同时能有效阻缓流沙的移动达 50%～75%,同时随着柳桩的成活及生长,灌木分枝数增多,冠幅不断扩大,对风的遮挡作用也不断增强,其防护效益也在增加,削减了沙粒运动的动力,起到固沙的作用。

地表植被盖度提高 30%以上,康定柳灌木保存率达到 70%,草本层物种也由 5 种提高到 15 种,Shannon-Wiener 多样性指数提高 0.66,植被开始了恢复演替,一年生植物种明显增加,治理前赖草、绳虫实等植物优势种和次优势种地位减弱,群落向多优并存的局面发展。

另外,按四川省牧草地质量等级划分标准:每亩产量高于 420kg 为优质草场,300～420kg 为优良草场,200 kg 以下为劣质草场。通过模式 1 的恢复,流动沙地平均产草量为 362.7 千克/亩,其恢复区产草量均达到优良草场标准,模式 1 林草植被恢复效果明显(表 6.7)。

表 6.7　西北高寒沙地林草植被恢复模式 1 成效表

调查期	降低近地表风速(%)	减缓流沙移动(%)	植被盖度(%)	物种数(个)	灌木保存率(%)	Shannon-Wiener多样性指数	平均产草量(千克/亩)
治理前	0	0	5	5	0	1.65	51.8
治理后	73	50～75	35	15	70	2.31	362.7

模式 2：工程挡沙墙+方格沙障+丛植灌木+混播牧草生态恢复模式

1）适用立地类型

该模式主要适用于立地类型 5 这类具有构造剥蚀特征的沙化土地。

2）模式特征

该立地类型以理塘县最为典型，主要是由于降雨形成的地表径流冲刷形成冲蚀沟，在风蚀作用下冲蚀沟的剥蚀特征会愈发严重。因此该立地类型的林草植被恢复按照生物措施和工程措施结合的综合治理原则，围栏封禁后，需在沟蚀发生区的源头等关键节点上首先设置挡沙墙降低地表径流及风蚀的影响，并设置沙障防风固沙，然后增施有机肥改良土壤，接着辅以栽植灌木和撒播草种的生物措施，加速林草植被恢复，最后聘专人进行管护，及时补植补播，防止牲畜干扰。该模式能使冲蚀沟明显减弱，促进地表植被的恢复，但也存在挡沙墙材料获取不易和工程量大的问题。

3）技术要点

（1）挡沙墙建设。采取工程措施为主进行治理，按照分层拦截的原则，一般从沙源的上部开始往下依次设立挡沙墙，挡沙墙采取块石浆砌或干砌，断面呈梯形结构，挡沙墙长度依地形而定，高度一般不超过 8m。挡沙墙实施选择在地质基础相对稳定，能有效发挥挡沙效果的地段，在简易地勘基础上进行设计形成施工图，严格按图施工。施工完成后进行场地清理，定期检查挡沙墙的安全性，并进行日常工程维护。

（2）沙障设置。该立地类型下的沙障类型主要有植物沙障和机械沙障两种。植物沙障选择生长快、萌蘖能力强、纤维长的乔灌木进行主干密插、枝条人工编织沙障，如康定柳、高山杨等植物；机械沙障使用竹帘沙障、草（草帘）沙障、秸秆沙障、石砾沙障、生态袋沙障及其他材料沙障等，具体技术措施同模式 1。

（3）灌木栽植、围栏设置、施肥、牧草播种、封禁管护同模式 1。

4）成效评价

理塘县在 2009 年度省级防沙治沙试点工程中设计了该模式。项目区位于理塘县奔戈乡，2010 年实施沙化治理，首先对恢复区内的冲蚀沟设置宽为 2～8m，高为 3～6m 的挡沙墙，采用 4m×4m 的废弃草皮沙障对流动沙丘进行固定后，按 2m×2m 的株行距丛植 2 年生康定柳扦插苗，每公顷撒播 60kg 的混合牧草，并每公顷撒施 8t 的牛羊粪，最后设置围栏，进行 5 年的管护。2014 年在当年的恢复区内设置样方进行调查。

调查分析结果表明，挡沙墙使冲蚀沟内流沙得到阻挡而固定，挡沙墙外沙的流动距离也由治理前的 4m/a 降至治理后的 0.4m/a；柳条沙障降低了近地表风速 70%，减弱了风的作用力，同时能有效阻缓流沙的移动达 55%～70%，同时随着柳桩的成活及生长，灌木分枝数增多，冠幅不断扩大，对风的遮挡作用也不断增强，其防护效益也在增加，削减了沙粒运动的动力，起到固沙的作用。

地表植被盖度提高 30%以上，康定柳灌木保存率达到 60%，草本层物种也由 8 种提高到 16 种，Shannon-Wiener 多样性指数提高了 0.56。沙地内植被也已启动了恢复演替，一年生植物种明显增加，治理前青藏苔草等植物优势种地位削弱，老芒麦、马蹄黄、沙蒿等多年生和一年生植物种相对占优势，群落向多优群落发展。

另外，按四川省牧草地质量等级划分标准：每亩产量高于 420kg 为优质草场，300~420kg 为优良草场，200kg 以下为劣质草场。通过模式 2 的恢复，流动沙地平均产草量为 354.8 千克/亩，其恢复区产草量均达到优良草场标准，模式 2 林草植被恢复效果明显（表 6.8）。

表 6.8　西北高寒沙地林草植被恢复模式 2 成效表

调查期	降低近地表风速(%)	减缓流沙移动(%)	挡沙效果(m/a)	植被盖度(%)	物种数(个)	灌木保存率(%)	Shannon-Wiener多样性指数	平均产草量(千克/亩)
治理前	0	0	4	5	8	0	1.87	48.7
治理后	70	55~70	0.4	35	16	60	2.43	354.8

模式 3：防风林带锁边+方格沙障丛植灌木+混播牧草生态恢复模式

1）适用立地类型

该模式主要适用于立地类型 1、6、10、11、15、19、20、24 等沙化扩张趋势严重的极重度沙化土地。

2）模式特征

针对扩张趋势明显的极重度沙化土地及河滩地立地类型，首先在小班外围或河流两侧营建防风林带，然后采取生物措施和工程措施相互结合进行综合治理，以流动沙地地块（沙斑）为基本单元，对流动沙地进行围栏封禁后，设置沙障阻风，增施有机肥，栽植灌木，撒播草种，逐步恢复流动沙地的灌草植被。该模式能有效遏制流动沙地的扩张蔓延，有效促进地表植被的恢复，但也有工程量大的问题。

3）技术要点

（1）防风林带建设：选择在沙化严重并对沙化治理成果构成威胁的最外层地段，以及河滩地立地类型的河流两岸实施。根据林带庇护范围大小分为小班防风林带（主要针对治理小班相对独立的沙化治理区）和区域防风林带（针对多个治理小班集中在一个相对集中区域）两种。小班防风林带宽 10~15m；区域防风林带宽 50~100m。树种选择以乔木栽植为主、混交灌木构成复层林。乔木树种选择抗性强、栽植容易、枝叶发达的乡土树种如云杉、高山杨等；灌木选择生长快、萌蘖性强、枝叶浓密的品种如康定柳、变叶海棠、花叶海棠等。防风林带乔木栽植应采取密株距、宽行距，在乔木造林行间再密植灌木。造林季节春季（4 月下旬至 5 月下旬）或秋季（9 月中旬至 10 月中旬）；造林前须对种苗进行泥浆浸根、修枝、断梢等苗木处理；造林栽植根据树种生物学特性适当深栽，培土雍蔸，栽紧压实；栽后浇足一次定根水；栽植完成后清除剩余物、轻耙松土、平整地表。防风林带乔木造林成活率低于 80%的进行补植补造，连续补植补造 2 年；防风林带连续 8 年封禁保护栽植植物。

（2）围栏设置、沙障设置、灌木栽植、施肥、牧草播种、封禁管护等同模式1。

4）成效评价

红原县在2008年度省级防沙治沙试点工程中设计了该模式。项目区位于红原县瓦切镇，2009年实施沙化治理，首先在流动沙地中边缘用康定柳大苗（高2～2.5m）建一条宽为9m的防风林带（株行距1m×1.5m），再采用1m×3m的方格柳条沙障对流动沙丘进行固定后，按2m×2m的株行距丛植2年生康定柳扦插苗，每公顷撒播60kg的混合牧草，并每公顷撒施10t的牛羊粪，最后设置围栏，并进行5年的管护。2014年在当年的恢复区内设置样方进行调查。

调查分析结果表明，防风林带能有效阻挡风，阻止流动沙地边缘沙的蔓延，林带外沙的蔓延距离由治理前的1.5m/a降至调查时的0.2m/a；柳条沙障降低了近地表风速80%，减弱了风的作用力，同时能有效阻缓流沙的移动达60%～80%。同时随着柳桩的成活及生长，灌木分枝数增多，冠幅不断扩大，对风的遮挡作用也不断增强，其防护效益也在增加，削减了沙粒运动的动力，起到固沙的作用。

地表植被盖度提高30%以上，康定柳灌木保存率达到75%，草本层物种也由6种提高到15种，Shannon-Wiener多样性指数提高0.62，植物种类数量变化明显，表明了围栏、沙障、植灌种草等措施，启动了恢复演替，即从退化的沙化草地植物群落阶段开始，进入了植物物种增加阶段，植被开始了恢复演替，物种多样性明显提高，群落向多优群落发展。治理区已由极重度的流动沙地向中度的固定沙地转变。

另外，按四川省牧草地质量等级划分标准：每亩产量高于420kg为优质草场，300～420kg为优良草场，200kg以下为劣质草场。通过模式3的恢复，流动沙地平均产草量为378.1千克/亩，其恢复区产草量均达到优良草场标准，模式3林草植被恢复效果明显（表6.9）。

表6.9　西北高寒沙地林草植被恢复模式3成效表

调查期	降低近地表风速(%)	减缓流沙移动(%)	挡沙效果(m/a)	植被盖度(%)	物种数(个)	灌木保存率(%)	Shannon-Wiener多样性指数	平均产草量(千克/亩)
治理前	0	0	1.5	3	6	0	1.71	50.4
治理后	80	60～80	0.2	35	15	75	2.33	378.1

2. 固定半固定沙地林草植被恢复类型

模式4：群团状灌木丛植+混播牧草生态恢复模式

1）适用立地类型

该模式主要适用于立地类型2、3、7、8、12、13、16、17、21、22、25、26中流沙特征不明显的重度中度沙化土地。

2）模式特征

该类型沙化土地是影响和危害较重的沙化类型，针对其中流沙特征不明显的重度沙化土地,以小班为基本单元,对沙化土地进行围栏封禁后,首先增施有机肥改良土壤,然后辅以栽植灌木和撒播草种的生物措施,加速林草植被恢复,最后聘专人进行管护,及时补植补播,防止牲畜干扰,逐步恢复灌草植被。该模式能营造稳定的林草植被群落,逐步恢复区域原有植被群落,形成比较稳定的自然生态系统。

3) 技术要点

(1) 施肥。施肥的肥料种类、施肥类型、施肥方式等与模式 1 一致。施肥量为底肥施腐熟牛羊粪(自然风干重)7.5~9.0t/hm², 其他有机肥按其有效成分进行相应计算(以下类同);追肥量(次年)为腐熟牛羊粪(自然风干重)3.0~6.0t/hm², 以后逐年递减。底肥在围栏封禁后灌草种植前的 15~30d 内进行。穴状施肥主要针对灌木种植,在挖好的种植穴内每穴施 0.5~0.75kg 腐熟牛羊粪;沟状施肥主要针对具有流动特征的斑块人工撒播草种,在沙地平整前按间距 1.0~1.5m 挖出深 30cm 宽 30~40cm 的施肥沟,沿沟进行施肥,施肥量按沟长度计算为 0.5kg/m;撒施主要针对种植后植物生长的追肥,按施肥量达到基本均匀撒施,从次年开始每年追肥,一般连续追肥三次以上。

(2) 灌木栽植。树种选择、种苗质量、栽植要求、后期管护与模式 1 一致。灌木配置方式根据现有植被的分布状况采取带状、片状、块状等群团状的配置形式。采用丛植方式,丛植按每穴 3~5 株进行,丛栽植株行距为 (2.0m×2.0m)~(2.0m×3.0m),栽植密度为 3000~5400 株/hm²。

(3) 牧草播种。草种选择、草种配置、草种质量、草种处理和后期管护与模式 1 一致。播种量降低,一般为 35~50 kg/hm²。

(4) 围栏设置、封禁管护等技术要求同模式 1。

4) 成效评价

红原县在 2008 年度省级防沙治沙试点工程中设计了该模式。项目区位于红原县瓦切镇,2009 年实施沙化治理,首先在流动沙地中边缘用康定柳大苗(高 2~2.5m)建一条宽为 9m 的防风林带(株行距 1m×1.5m),再采用 1m×3m 的方格柳条沙障对流动沙丘进行固定后,按 2m×2m 的株行距丛植 2 年生康定柳扦插苗,每公顷撒播 60kg 的混合牧草,并每公顷撒施 10t 的牛羊粪,最后设置围栏,进行 5 年的管护。2014 年在当年的恢复区内设置样方进行调查。

调查分析结果表明,防风林带能有效阻挡风,阻止流动沙地边缘沙的蔓延,林带外沙的蔓延距离由治理前的 1.5m/a 降至调查时的 0.2m/a。

地表植被盖度提高 40%以上,康定柳灌木保存率达到 70%,草本层物种也由 11 种提高到 23 种,Shannon-Wiener 多样性指数由治理前的 1.86 提高到 2.76,植物种类数量变化明显。围栏、灌草种植和增施有机肥等措施促进了植被恢复,植被已经开始恢复演替,草本植物物种多样性提高,优势种由青藏苔草、赖草等转变为群落多优并存的局面,鹅绒委陵菜、多种毛茛科、菊科和莎草科分布于天然草地中的物种在治理区中已有分布,沙地已基本转变为固定沙地或有向露沙地转变的趋势。

另外,按四川省牧草地质量等级划分标准:每亩产量高于 420kg 为优质草场,300~420kg

为优良草场，200kg以下为劣质草场。通过模式4的恢复，沙地平均产草量为406.4千克/亩，其恢复区产草量均达到优良草场标准，模式4林草植被恢复效果明显（表6.10）。

表6.10　西北高寒沙地林草植被恢复模式4成效表

调查期	植被盖度(%)	物种数(个)	灌木保存率(%)	Shannon-Wiener多样性指数	平均产草量(千克/亩)
治理前	25	11	0	1.86	154.7
治理后	65	23	70	2.76	406.4

模式5：带状沙障+群团状灌木丛植+混播牧草生态恢复模式

1）适用立地类型

该模式主要适用于立地类型3、7、12、16、21、25中有一定流沙特征的重度沙化土地。

2）模式特征

针对其中有一定流沙特征的重度沙化土地，按照生物措施和工程措施结合的综合治理原则，以小班为基本单元，对沙化土地进行围栏封禁后，首先在有流动特征的沙化区域设置局部沙障防风固沙，然后增施有机肥改良土壤，接着辅以栽植灌木和撒播草种的生物措施，加速林草植被恢复，最后聘专人进行管护，及时补植补播，防止牲畜干扰，逐步恢复灌草植被。该模式能有效固定具有流动趋势的沙地区域，使其沙化类型逐步向固定沙化类型转换，形成比较稳定的自然生态系统。

3）技术要点

（1）沙障设置。小班内具有流动特征斑块90%以上需设置完整的沙障，沙障设置覆盖面积占治理小班总面积的40%～60%。沙障规格适当加大，一般控制在2～6m。沙障设置主要技术指标与模式1基本一致。

（2）围栏设置、施肥、灌木栽植、牧草播种、封禁管护等技术要求同模式4。

4）成效评价

若尔盖县在2010年度省级防沙治沙试点示范工程中设计了该模式。项目区位于若尔盖县麦溪乡的黑河村，2010年实施沙化治理，首先在有流动特征的沙化区域采用2m的带状柳条沙障对其进行固定后，再按2m×2m的株行距丛植2年生康定柳扦插苗，每公顷撒播45kg的混合牧草，并每公顷撒施8t的牛羊粪，最后设置围栏，进行5年的管护。2014年在当年的恢复区内设置样方进行调查。

调查分析结果表明，柳条沙障降低了近地表风速80%，减弱了风的作用力，同时能有效阻缓流沙的移动达85%～95%，同时随着柳桩的成活及生长，灌木分枝数增多，冠幅不断扩大，对风的遮挡作用也不断增强，其防护效益也在增加，削减了沙粒运动的动力，起到固沙的作用。

地表植被盖度提高35%以上，康定柳灌木保存率达到65%，草本层物种也由10种提高到 21 种，Shannon-Wiener 多样性指数由治理前的 1.73 提高到 2.61，植被开始了恢复演替，生物措施和工程措施促进了植被的恢复，草本植物物种多样性高，优势种已由适应旱生的植物向天然草种中分布的毛茛科、菊科等植物种转变。

另外，按四川省牧草地质量等级划分标准：每亩产量高于 420kg 为优质草场，300～420kg 为优良草场，200kg 以下为劣质草场。通过模式 5 的恢复，沙地平均产草量为 398.4 千克/亩，其恢复区产草量均达到优良草场标准，模式 5 林草植被恢复效果明显（表 6.11）。

表 6.11　西北高寒沙地林草植被恢复模式 5 成效表

调查期	降低近地表风速(%)	减缓流沙移动(%)	植被盖度(%)	物种数(个)	灌木保存率(%)	Shannon-Wiener多样性指数	平均产草量(千克/亩)
治理前	0	0	15	10	0	1.73	143.2
治理后	80	85～95	50	21	65	2.61	398.4

模式 6：均匀经济性灌木栽植+混播牧草生态经济型恢复模式

1）适用立地类型

该模式主要适用于立地类型 2、3、7、8、12、13、16、17、21、22、25、26 中流沙特征不明显重度中度沙化土地。

2）模式特征

针对流沙特征不明显的重度中度沙化土地，以小班为基本单元，对沙化土地进行围栏封禁后，首先增施有机肥改良土壤，接着辅以栽植经济性灌木和混播草种的生物措施，加速林草植被恢复，最后聘专人进行管护，及时补植补播，防止牲畜干扰，逐步恢复灌草植被。该模式在使其沙化类型逐步向固定沙化类型转换，形成比较稳定的自然生态系统的同时，还具有一定的经济效益。

3）技术要点

(1)灌木栽植。树种主要选择变叶海棠、沙棘等经济性灌木，栽植要求、后期管护与模式 1 一致。配置方式采取均匀性配置形式。采用单植和丛植两种方式。单株栽植株行距为 (1.0m×1.0m)～(1.0m×2.0m)，且分布均匀，栽植密度为 5000～10000 株/hm²；丛植按每穴 3 株左右进行，丛栽植株行距为(2.0m×2.0m)～(2.0m×3.0m)，栽植密度为 5000～7500 株/hm²。

(2)围栏设置、施肥、牧草播种、封禁管护等技术要求同模式 4。

4）成效评价

阿坝州林科所在若尔盖县开展试验研究设计了该模式。项目区位于若尔盖县麦溪乡的黑河村，2009 年实施沙化治理，首先按 2m×2m 的株行距均匀栽植沙棘，再每公顷撒播 45kg 的混合牧草，并每公顷撒施 8t 的牛羊粪，最后设置围栏，进行管护。2013 年在当年的恢复区内设置样方进行调查。

调查分析结果表明，治理后地表植被盖度提高 30%以上，沙棘保存率达到 60%，草本层物种也由 9 种提高到 20 种，Shannon-Wiener 多样性指数由治理前的 1.81 提高到 2.61，植物种类数量变化明显，该模式促进了植被向天然草地演替，草本植物物种多样性得到提高，旱生植物优势地位明显降低，而禾本科、毛茛科、菊科、莎草科等高原草本植物占优势，沙地已基本转变为固定沙地或有向露沙地转变的趋势。

同时，按四川省牧草地质量等级划分标准：每亩产量高于 420kg 为优质草场，300～420kg 为优良草场，200 kg 以下为劣质草场。通过模式 6 的恢复，沙地平均产草量为 391.6 千克/亩，其恢复区产草量均达到优良草场标准，模式 6 林草植被恢复效果明显（表 6.12）。另外，通过栽植沙棘，4 年后沙棘开始挂果，挂果率达到 50%，初步发挥经济效益（表 6.12）。

表 6.12   西北高寒沙地林草植被恢复模式 6 成效表

调查期	植被盖度(%)	物种数(个)	灌木保存率(%)	Shannon-Wiener 多样性指数	平均产草量(千克/亩)	挂果率(%)
治理前	15	9	0	1.81	146.4	0
治理后	45	20	60	2.61	391.6	50

模式 7：群团状观赏性灌木密植+混播牧草生态观光型恢复模式

1）适用立地类型

该模式主要适用于立地类型 2、3、7、8、12、13、16、17、21、22、25、26 中流沙特征不明显重度中度沙化土地。

2）模式特征

针对流沙特征不明显的重度中度沙化土地，以小班为基本单元，对沙化土地进行围栏封禁后，首先增施有机肥改良土壤，接着辅以栽植观赏性灌木和混播草种的生物措施，加速林草植被恢复，最后聘专人进行管护，及时补植补播，防止牲畜干扰，逐步恢复灌草植被。该模式使其沙化类型逐步向固定沙化类型转换，形成比较稳定的自然生态系统，且具有一定的观赏性。

3）技术要点

（1）灌木栽植。树种主要选择高山杜鹃、金露梅等观赏性灌木，栽植要求、后期管护与模式 1 一致。配置方式采取均匀性配置形式。采用单植和丛植两种方式。单株栽植株行距为（1.0m×1.0m）～（1.0m×2.0m），且分布均匀，栽植密度为 5000～10000 株/hm²；丛植按每穴 3 株左右进行，丛栽植株行距为（2.0m×2.0m）～（2.0m×3.0m），栽植密度为 5000～7500 株/hm²。

（2）围栏设置、施肥、牧草播种、封禁管护等技术要求同模式 4。

4）成效评价

稻草县 2010 年度省级防沙治沙试点示范工程中设计了该模式。项目区位于稻城县金珠镇，2010 年实施沙化治理，首先沿靠近公路一侧群团状按 2m×2m 的株行距栽植高山杜鹃，再每公顷撒播 45kg 的混合牧草，并每公顷撒施 8t 的牛羊粪，最后设置围栏，并进行管护。2014 年在当年的恢复区内设置样方进行调查。

调查分析结果表明，治理后地表植被盖度提高 40%以上，高山杜鹃保存率达到 65%，开花率达到 75%，草本层物种也由 13 种提高到 25 种，Shannon-Wiener 多样性指数由治理前 2.17 提高到 2.82，植物种类数量变化明显，该模式促进了植被向天然草地演替，草本植物物种多样性得到提高，旱生植物优势地位明显降低，而禾本科、毛茛科、莎草科等高原草本植物占优势，沙地已基本转变为固定沙地或有向露沙地转变的趋势，具有一定的观赏性。

另外，按四川省牧草地质量等级划分标准：每亩产量高于 420kg 为优质草场，300～420kg 为优良草场，200kg 以下为劣质草场。通过模式 7 的恢复，沙地平均产草量为 424.1 千克/亩，其恢复区产草量均达到优质草场标准，模式 7 林草植被恢复效果明显（表6.13）。

表 6.13　西北高寒沙地林草植被恢复模式 7 成效表

调查期	植被盖度 (%)	物种数 (个)	灌木保存率 (%)	Shannon-Wiener 多样性指数	平均产草量 (千克/亩)	开花率 (%)
治理前	30	13	0	2.17	198.7	0
治理后	70	25	65	2.82	424.1	75

模式 8：施肥+混播牧草生态恢复模式

1）适用立地类型

该模式主要适用于立地类型 3、8、13、17、22、26 等中度沙化土地。

2）模式特征

该模式的沙化土地是沙化土地中规模最大、潜在威胁严重的沙化类型。主要采取生物措施为主进行综合治理，逐步恢复区域原有植被，形成比较稳定的草原生态系统。该模式对中度沙化土地中不严重的沙地具有很好的促进恢复的效果。

3）技术要点

(1)围栏设置。本模式围栏仅在人畜活动频繁的区域设置，具体技术要求同模式 1。

(2)施肥。施肥的肥料种类与模式 1 一致。施肥类型为追肥；施肥方式为撒施施肥量为腐熟牛羊粪(自然风干重)3～6t/hm²，以后逐年递减。施肥在围栏封禁后草种撒播前的 15～30d 内进行，按施肥量达到基本均匀撒施，从次年开始每年追肥，一般连续追肥 3 次以上。

(3)牧草播种。草种选择、草种配置、草种质量、草种处理和后期管护与模式 1 内容一致。播种量降低，一般为 25～40 kg/hm²。

封禁管护等技术要求同模式 1。

4）成效评价

若尔盖县在 2008 年度省级防沙治沙试点示范工程中设计了该模式。项目区位于若尔盖县辖曼乡的文戈村，2009 年实施沙化治理，在每公顷撒播 30kg 的混合牧草，并每公顷撒施 4t 的牛羊粪，最后设置围栏，进行管护。2014 年在当年的恢复区内设置样方进行调查。

调查分析结果表明，治理后地表植被盖度提高 35% 以上，草本层物种也由 14 种提高到 27 种，Shannon-Wiener 多样性指数由治理前的 2.23 提高到 2.94，植物种类数量变化明显，该模式促进了植被向天然草地演替，草本植物物种多样性得到提高，旱生植物优势地位明显降低，而禾本科、莎草科等高原草本植物占优势，沙地已开始结皮，基本向天然草地转变。

另外，按四川省牧草地质量等级划分标准：每亩产量高于 420kg 为优质草场，300～420kg 为优良草场，200kg 以下为劣质草场。通过模式 8 的恢复，沙地平均产草量为 447.3 千克/亩，其恢复区产草量均达到优质草场标准，模式 8 林草植被恢复效果明显（表 6.14）。

表 6.14　西北高寒沙地林草植被恢复模式 8 成效表

调查期	植被盖度(%)	物种数(个)	Shannon-Wiener 多样性指数	平均产草量(千克/亩)
治理前	35	14	2.23	215.6
治理后	70	27	2.94	447.3

3. 露沙地植被恢复类型

模式 9：封育管护生态恢复模式

1）适用立地类型

该模式主要适用于立地类型 4、9、14、18、23、27 等轻度沙化土地。

2）模式特征

该类型沙化土地是沙化程度轻微的沙化类型。主要采取封育管护的措施进行治理，逐步恢复天然草原的植被水平，形成稳定的草原生态系统。该模式具有投资少，易实施的特点。

3）技术要点

（1）围栏设置。本模式围栏仅在人畜活动频繁的区域设置，具体技术要求同模式 1。

（2）封禁管护。施围栏封围后除进行与沙化治理相关活动外，实施连续 8 年以上封禁，进行 8 年以上的管护，参照《封山（沙）育林技术规程》（GB/T-15163—2004）相关规定，采取固定人员长期巡护，设置相对固定、醒目的标示标牌，注明封禁方式、封禁期限、注意事项等，禁止各种人为干扰和牲畜进出。已达封禁期限并实现封禁目标的及时解封；对已达封禁期限但未实现封禁目标的继续进行封禁管护。

4）成效评价

红原县 2009 年度省级防沙治沙试点工程中设计了该模式，项目区位于红原县瓦切镇，主要采取围栏全封，然后进行人工管护。2014 年在当年的恢复区内设置样方进行调查。

调查分析结果表明，治理后地表植被盖度提高 25% 以上，草本层物种也由 22 种提高到 30 种，Shannon-Wiener 多样性指数由治理前的 2.73 提高到 3.12，植物种类数量变化明显，该模式促进了植被向天然草地演替，草本植物物种多样性得到提高，旱生植物优势地位明显降低，而禾本科、莎草科等高原草本植物占优势，沙地已开始结皮。

另外，按四川省牧草地质量等级划分标准：每亩产量高于420kg为优质草场，300~420kg为优良草场，200kg以下为劣质草场。通过模式9的恢复，沙地平均产草量为486.1千克/亩，其恢复区产草量均达到优质草场标准，模式9恢复效果明显（表6.15）。

表6.15 川西北高寒沙地林草植被恢复模式9成效表

调查期	植被盖度(%)	物种数(个)	Shannon-Wiener多样性指数	平均产草量(千克/亩)
治理前	65	22	2.73	232.4
治理后	90	30	3.12	486.1

模式10：补肥+补播牧草优良草场恢复模式

1）适用立地类型

该模式主要适用于立地类型4、9、14、18、23、27等轻度沙化土地。

2）模式特征

该类型沙化土地是沙化分布规模和可变性最大的沙化类型。主要采取增施有机肥、补撒草种等生物治理措施进行治理，逐步恢复天然草原的植被水平，形成稳定的草原生态系统。该模式具有简单易行的特点。

3）技术要点

（1）施肥。施肥的肥料种类与模式1一致。施肥类型为追肥；施肥方式为撒施施肥量为腐熟牛羊粪（自然风干重）3~5t/hm^2，以后逐年递减。施肥在春季（4月中旬至5月中旬）进行，按施肥量达到基本均匀撒施，一般连续施肥三次以上。

（2）牧草播种。草种选择、草种配置、草种质量、草种处理和后期管护与模式1内容一致。播种量降低，一般为20~40kg/hm^2。

4）成效评价

若尔盖县2009年度省级防沙治沙试点示范工程中设计了该模式。项目区位于若尔盖县麦溪乡，2010年实施沙化治理，在每公顷撒播22.5kg的混合牧草，并每公顷撒施3t的牛羊粪，最后设置围栏，进行管护。2014年在当年的恢复区内设置样方进行调查。

调查分析结果表明，治理后地表植被盖度提高40%以上，草本层物种也由19种提高到29种，Shannon-Wiener多样性指数由治理前的2.61提高到3.02，植物种类数量变化明显，该模式促进了植被向天然草地演替，草本植物物种多样性得到提高，旱生植物优势地位明显降低，而禾本科、莎草科等高原草本植物占优势，沙地已开始结皮。

另外，按四川省牧草地质量等级划分标准：每亩产量高于420kg为优质草场，300~420kg为优良草场，200kg以下为劣质草场。通过模式10的恢复，沙地平均产草量为496.3千克/亩，其恢复区产草量均达到优质草场标准，模式10恢复效果明显（表6.16）。

表 6.16   西北高寒沙地林草植被恢复模式 10 成效表

调查期	植被盖度(%)	物种数(个)	Shannon-Wiener 多样性指数	平均产草量(千克/亩)
治理前	55	19	2.61	212.7
治理后	95	29	3.02	496.3

模式 11：补肥+补播牧草+种植汉藏药材生态经济型恢复模式

1) 适用立地类型

该模式主要适用于立地类型 4、9、14、18、23、27 中轻度沙化土地。

2) 模式特征

针对该类型沙化土地，首先采取增施有机肥、补撒草种等生物治理措施进行治理，同时种植汉藏药材，逐步恢复天然草原的植被水平，形成稳定的草原生态系统。该模式简单易行，并能产生一定的经济效益。

3) 技术要点

(1) 施肥。施肥的肥料种类与模式 1 一致。施肥类型为追肥；施肥方式为撒施施肥量为腐熟牛羊粪(自然风干重) $3\sim5t/hm^2$ ，以后逐年递减。施肥在春季(4 月中旬至 5 月中旬)进行，按施肥量达到基本均匀撒施，一般连续施肥三次以上。

(2) 牧草播种。草种选择、草种配置、草种质量、草种处理和后期管护与模式 1 内容一致。播种量降低，一般为 $20\sim40kg/hm^2$ 。

(3) 种植汉藏药材。选择适应性强、耐低温、耐沙埋、耐瘠薄、抗干旱的狭叶红景天、大黄等汉藏药材品种。种植方式采用栽植或埋设的方式。植株行距为(0.5m×0.5m)～(1.0m×0.5m)，栽植密度为 $20000\sim40000$ 株 $/hm^2$ 。种植穴规格为(10cm×10cm×20cm)～(15cm×15cm×20cm)；栽植季节春季(4 月下旬至 5 月下旬)或秋季(9 月中旬至 10 月中旬)；栽植前对种苗进行处理；对有水源条件的治理小班浇足定根水；栽植完成后清除剩余物、轻耙松土、平整地表。对栽植成活率低于 80%的治理小班在次年进行补植，连续补植两年。

4) 成效评价

红原县在 2008 年度省级防沙治沙试点工程中设计了该模式。项目区位于红原县瓦切镇，2009 年实施沙化治理，在每公顷撒播 22.5kg 的混合牧草，并每公顷撒施 3t 的牛羊粪，同时在沙地内不规则种植唐古特大黄，株行距为 0.5m×0.5m，最后设置围栏，进行管护。2014 年在当年的恢复区内设置样方进行调查。

调查分析结果表明，治理后地表植被盖度提高 35%以上，草本层物种也由 20 种提高到 29 种，Shannon-Wiener 多样性指数由治理前的 2.68 提高到 2.99，植物种类数量变化明显，该模式促进了植被的恢复，提高了地表植被的盖度，草本植物物种多样性得到提高，旱生植物优势地位明显降低，而禾本科、莎草科等高原草本植物占优势，沙地已开始结皮。

　　同时，按四川省牧草地质量等级划分标准：每亩产量高于 420kg 为优质草场，300～420kg 为优良草场，200kg 以下为劣质草场。通过模式 11 的恢复，沙地平均产草量为 478.9 千克/亩，其恢复区产草量均达到优质草场标准，模式 11 恢复效果明显（表 6.17）。

表 6.17　西北高寒沙地林草植被恢复模式 11 成效表

调查期	植被盖度(%)	物种数(个)	Shannon-Wiener 多样性指数	平均产草量(千克/亩)	药材保存率(%)
治理前	55	20	2.68	217.2	0
治理后	90	29	2.99	478.9	65

　　另外，通过种植汉藏药材大黄，五年后大黄保存率为 65%，以每株 140g 估算，每亩沙地可产生约 240kg 大黄，以单价 10 元/kg 估算可产生 2400 元的经济价值。

6.4.3　植被恢复成效评价

　　针对不同立地类型沙地构建的川西北高寒沙化土地林草植被恢复三大类型，从灌木保存率、植物种数量、地表植被盖度、平均产草量、物种多样性等角度对其恢复成效进行评价（表 6.18）。

表 6.18　西北高寒沙地林草植被恢复类型模式成效表

类型	模式号	治理模式	关键技术	恢复成效
流动沙地林草植被恢复类型	1	方格沙障+丛植灌木+混播牧草生态恢复模式	沙障固沙、土壤改良、乔灌木栽植技术	5 年后流沙得到有效固定，灌木保存率为 70%，植被盖度整体提高 30%以上
	2	工程挡沙墙+方格沙障+丛植灌木+混播牧草生态恢复模式	沙障固沙、土壤改良、乔灌木栽植技术	4 年后沟蚀明显减弱，流沙基本得到固定，灌木保存率为 60%，植被盖度整体提高 30%以上
	3	防风林带锁边+方格沙障丛植灌木+混播牧草生态恢复模式	沙障固沙、土壤改良、乔灌木栽植技术	5 年后流沙基本得到固定，林带阻挡沙的蔓延，灌木保存率为 75%，植被盖度整体提高 30%以上
固定半固定沙地林草植被恢复类型	4	群团状灌木丛植+混播牧草生态恢复模式	土壤改良、乔灌木栽植技术	5 年后灌木保存率为 70%，植被盖度整体提高 40%以上
	5	带状沙障+群团状灌木丛植+混播牧草生态恢复模式	沙障固沙、土壤改良、乔灌木栽植技术	4 年后有流动趋势沙地得到遏制，灌木保存率为 65%，植被盖度整体提高 35%以上
	6	均匀经济性灌木栽植+混播牧草生态经济型恢复模式	土壤改良、乔灌木栽植技术	5 年后灌木保存率为 60%，植被盖度整体提高 30%以上，经济性灌木初步产生经济效益
	7	群团状观赏性灌木密植+混播牧草生态观光型恢复模式	土壤改良、乔灌木栽植技术	4 年后有灌木保存率为 65%，植被盖度整体提高 40%以上，灌木初步具有观赏性
	8	施肥+混播牧草生态恢复模式	土壤改良技术	5 年后植被盖度整体提高 35%以上，产草量均达到优质草场标准
露沙地林草植被恢复类型	9	封育管护生态恢复模式	—	4 年后植被盖度整体提高到 90%，产草量均达到优质草场标准
	10	补肥+补播牧草优良草场恢复模式	—	4 年后植被盖度整体提高到 90%，产草量均达到优质草场标准
	11	补肥+补播牧草+种植汉藏药材生态经济型恢复模式	—	5 年后植被盖度整体提高到 95%，产草量均达到优质草场标准，汉藏药材长势良好

1) 流动沙地林草植被恢复类型恢复成效

在极重度流动沙地实施"方格沙障+丛植灌木+混播牧草生态恢复模式""工程挡沙墙+方格沙障+丛植灌木+混播牧草生态恢复模式""防风林带锁边+方格沙障丛植灌木+混播牧草生态恢复模式"三种林草植被恢复模式,沙地已由极重度的流动沙地向重中度的固定半固定沙地转变,逐步恢复了"以灌为主、灌草结合"的稀疏人工植被,遏制流动沙地的扩张蔓延。

沙障的固沙成效明显,其能有效降低近地表风速,平均降低 73%。同时有效阻缓流沙的移动,流沙移动迎风坡平均减缓 50%、背风坡平均减缓 75%,使土壤表层结构趋于稳定,为植被的生长与存活提供了适宜的土壤环境。

地表植被盖度整体提高了 25%以上,植物种类数量变化明显,一年生植物种明显增多,物种数平均增多 12 种,物种多样性指数平均提高 0.6;灌木平均保存率为 65%,以耐寒、耐旱的康定柳灌木为主,呈矮丛状生长。植被开始了恢复演替,恢复前赖草、绳虫实等植物优势种和次优势种地位减弱,群落向多优并存的局面发展。

防风林带使沙地扩大趋势得到遏制,基本未向外扩张蔓延,遏制了沙地的继续恶化,促进了地表植被的恢复;挡沙墙平均阻止沙的蔓延达 90%,削弱了降雨形成的地表径流的冲刷,使冲蚀沟内流沙得到阻挡而固定。

2) 固定半固定沙地林草植被恢复类型恢复成效

在流沙特征不明显的重度沙化土地实施"带状沙障+群团状灌木丛植+混播牧草生态恢复模式""群团状灌木丛植+混播牧草生态恢复模式""均匀经济性灌木栽植+混播牧草生态经济型恢复模式""群团状观赏性灌木密植+混播牧草生态观光型恢复模式""施肥+混播牧草生态恢复模式"等五种林草植被恢复模式。在半固定沙地中逐步恢复了"灌草复合"的次生植被群落,使其沙化类型逐步向固定沙化类型转换,在固定沙地中逐步恢复了区域原有植被群落,最终都形成比较稳定的草原生态系统。

在重度的半固定沙地中,局部沙障使一定流沙特征的地块得到有效固定,改变了地表的蚀积状况,制止了沙的移动,减轻了植物遭受风蚀、沙割的危害,促进了植被在沙地上定居;地表植被盖度整体提高 35%,植物种类数量变化明显,物种数平均增多 15 种,物种多样性指数平均提高 0.5;灌木平均保存率为 70%,以耐寒、耐旱的康定柳灌木为主,呈矮丛状生长;植被已经开始恢复演替,群落已由适应旱生的青藏苔草、赖草等转变为群落多优并存的局面,鹅绒委陵菜、多种毛茛科、菊科和莎草科分布于天然草地中的物种在恢复区中已有分布。在中度的固定沙地中,群团状灌木平均保存率达到 70%,在固沙的同时也起到防风的作用,降低了对地表的风蚀;地表植被盖度整体提高了 40%,植物种类数量变化明显,物种数平均增多 12 种,物种多样性指数平均提高了 0.5;沙地已基本转变为露沙地,逐步恢复了区域原有植被群落。

3) 露沙地林草植被恢复类型恢复成效

在轻度沙化土地实施"封育管护生态恢复模式""补肥+补播牧草优良草场恢复模

式"和"补肥+补播牧草+种植汉藏药材生态经济型恢复模式"等三种植被恢复模式，在有效降低畜牧承载实现草畜平衡的情况下对露沙地进行增施有机肥、补撒草种、鼠害防治等生物恢复措施，地表植被整体盖度提高 40%以上，次优势种与主要伴生种共同挤占优势种的优势地位，使优势种对群落的影响作用下降，群落向多优群落发展，逐步恢复原有的草地植被，形成了稳定的草地生态系统。同时，种植的汉藏药材能产生一定的经济效益，增加农牧民的收入。

6.5　结论

（1）根据对不同类型沙化土地林草植被恢复的系统研究，提出流动沙地林草植被恢复应"沙障固沙、以灌为主、灌草结合"，固定半固定中度沙化土地林草植被恢复应"以草为主、草灌结合"，轻度沙化土地林草植被恢复应"预防为主、补草补肥"的总体思路，为区域林草植被恢复的基本方向提供指导，为政府的宏观决策提供依据。

（2）研究进一步全面调查川西北近年来沙化恢复所采用的主要模式，然后对这主要的30 种恢复模式通过样方调查评估其恢复效果，再结合近几年开展的立地类型划分、植物筛选、土壤改良技术研究、沙障营建技术研究、繁育技术研究、栽培技术研究等系统研究，构建川西北高寒沙地林草植被恢复 3 大恢复类型 11 项技术模式，相比其他单一技术措施，植被恢复盖度平均提高 20%以上，流动沙地和半固定呈现出向固定沙地转化的趋势，为川西藏区沙化土地治理提供了技术支持，对指导区域沙化治理有重要的实践意义。

参 考 文 献

北京林业大学, 1993. 土壤学[M]. 北京: 中国林业出版社: 130-134.

曹显军, 刘玉山, 斯钦昭日格, 1999. 踏郎、黄柳植物再生沙障治理高大流动沙丘技术的探讨[J]. 内蒙古林业科技, s1: 67-69.

陈伯华, 王会金, 2001. 羊粪的开发与利用[J]. 山西农业, 7: 21-22.

陈灵芝, 钱迎倩, 1997. 生物多样性科学前沿[J]. 生态学报, 17(6): 565-572.

陈文佳, 张楠, 杭璐璐, 等, 2013. 干旱胁迫与复水过程中遮光对细叶小羽藓的生理生化影响[J]. 应用生态学报, 24 (1): 57-62.

慈龙骏, 1994. 全球变化对我国荒漠化的影响[J]. 自然资源学报, 9(4): 289-303.

邓东周, 宋鹏, 周金星, 等, 2012. 川西北高寒沙区引进桑树种试验初探[J]. 四川林业科技, 33(3): 78-80.

邓东周, 鄢武先, 武碧先, 等, 2015. 川西北防沙治沙试点示范工程成果巩固必要性分析[J]. 四川林业科技, 36(1): 69-72.

邓东周, 杨执衡, 陈洪, 等, 2011. 青藏高原东南缘高寒沙区土地沙化现状及驱动因子分析[J]. 西南林业大学学报, 31(5): 27-32.

丁庆军, 许祥俊, 陈友治, 等, 2003. 化学固沙材料研究进展[J]. 武汉理工大学学报, 25(5): 27-29.

樊亚辉, 2011. 艾比湖区域近 20a 土地沙漠化变化特征及其发展趋势研究[D]. 乌鲁木齐: 新疆大学.

范志平, 曾德慧, 朱教君, 等, 2002. 农田防护林生态作用特征研究[J]. 水土保持学报, 16(4): 130-133.

封建民, 李晓华, 2010. 近 15 年来共和盆地土地沙质荒漠化动态变化及原因分析[J]. 水土保持研究, 17(5): 129-133.

冯政夫, 姜鹏, 宋晓东, 等, 1999. 科尔沁沙地针叶树引种试验初报[J]. 内蒙古林学院学报, 3: 50-54.

高甲荣, 孙保平, 徐军亮, 等, 2004. 可降解生态垫在河滩地造林中抑制杂草的效果[J]. 中国水土保持科学, 3(2): 38-41.

高永, 邱国玉, 丁国栋, 2004. 沙柳沙障的防风固沙效益研究[J]. 中国沙漠, 24(3): 365-370.

龚福华, 何兴东, 彭小玉, 等, 2001. 塔里木沙漠公路不同固沙体系的性能与成本比较[J]. 中国沙漠, 21(1): 45-49.

龚子同, 史学正, 1990. 我国土地退化及其防治对策[M]. 北京: 中国科学技术出版社: 15-20.

郭志中, 1985. 沙生植物的引种[M]//中国植物学会植物引种驯化协会. 植物引种驯化集刊(第四集). 北京: 科学出版社: 1-5.

韩晓玲, 2010. 共和盆地沙化土地现状及治理途径初探[J]. 防护林科技, 1: 106-108.

韩志文, 刘贤万, 姚正义, 等, 1982. 复膜沙袋阻沙体与芦苇高立式方格沙障防风机理风洞模拟实验[J]. 中国沙漠, 2(1): 12-20.

何文兴, 杨志荣, 曹毅, 等, 2005. 川西北高寒沙区切断根茎对赖草和沙生苔草克隆生长的影响[J]. 生态学杂志, 24(6): 607-612.

何奕忻, 孙庚, 罗鹏, 等, 2009. 牲畜粪便对草地生态系统影响的研究进展[J]. 生态学杂志, 28(2): 322-328.

何志斌, 赵文智, 2002. 半干旱地区流动沙地土壤湿度以及其对降水的依赖[J]. 中国沙漠, 23(4): 359-362.

贺家仁, 刘志斌, 2008. 甘孜州高等植物[M]. 成都: 四川科技出版社.

红梅, 韩国栋, 赵萌莉, 等, 2004. 放牧强度对浑善达克沙地土壤物理性质的影响[J]. 草业科学, 21(12): 108-111.

胡建莹, 郭柯, 董鸣, 2008. 高寒草原优势种叶片结构变化与生态因子的关系[J]. 植物生态学报, 32(2): 370-378.

黄为民, 赵虹, 崔雪梅, 2005. 新型化学液膜固沙方法的研究[J]. 甘肃科技, 21(12): 93-95.

姬慧娟, 扶志宏, 张利, 等, 2014. 生态毯在地震滑坡区植被恢复中应用效果研究[J]. 四川林业科技, 35(2): 4-8.

姬玉英, 1998. 国际防治荒漠化动态与展望[J]. 新疆林业, 3: 243.

贾玉奎, 李钢铁, 董锦兰, 2006. 乌兰布和沙漠固沙林土壤水分变化规律的初步研究[J]. 干旱区资源与环境, 20(6): 169-172.

姜世成, 周道玮, 2006. 牛粪堆积对草地影响的研究[J]. 草业学报, 15(4): 30-35.

康师安, 关世英, 齐沛钦, 1986. 羊草和大针茅植物群落土壤养分含量与转化规律的初步研究[J]. 中国草原, 4: 32-35, 81.

李德新, 白文明, 许志信, 1997. 短花针茅种群密度动态与生长分析的研究[J]. 中国草地, 6: 25-28.

李慧卿, 2004. 荒漠化研究动态[J]. 世界林业研究, 17(1): 11-14.

李吉跃, 1991. 植物耐旱性及其机理[J]. 北京林业大学学报, 13(3): 92-97.

李锦荣, 孙保平, 高永, 等, 2010. 基于空气动力学的沙袋沙障气流场模拟[J]. 北京理工大学学报, 30(6): 749-752.

李瑞军, 2009. 棉秆沙障防风固沙效益比较[D]. 兰州: 甘肃农业大学.

李绍良, 陈有君, 关世英, 等, 2002. 土壤退化与草地退化关系的研究[J]. 干旱区资源与环境, 1: 92-95.

李生宇, 雷加强, 2003. 草方格沙障的生态恢复作用——以古尔班通古特沙漠油田公路扰动带为例[J]. 干旱区研究, 20(1): 7-10.

李锡文, 1996. 中国种子植物区系统计分析[J]. 云南植物研究, 18(4): 363-384.

李显玉, 李晓明, 宁明世, 2000. 推广植物再生沙障技术实践[J]. 内蒙古林业, 2: 31.

廖馥荪, 1956. 植物引种驯化理论研究概况[M]//植物引种驯化集刊(第二集). 北京: 科学出版社: 154-160.

凌裕泉, 1980. 草方格沙障的防护效益[C]//中国科学院兰州沙漠研究所. 流沙治理研究. 银川: 宁夏人民出版社: 49-59.

刘立超, 李守中, 宋耀选, 等, 2005. 沙坡头人工植被区微生物结皮对地表蒸发影响的试验研究[J]. 中国沙漠, 2: 191-195.

刘良悟, 2002. 关于土壤的全球变化[M]//中国土壤学会. 中国土壤科学的现状与展望. 南京: 江苏人民出版社: 150-155.

刘伟, 王启基, 王溪, 等, 1999. 高寒草甸"黑土型"退化草地的成因和生态过程[J]. 草地学报, 7(4): 300-307.

刘新平, 张铜会, 赵哈林, 等, 2005. 干旱半干旱区沙漠化土地水分动态研究进展[J]. 水土保持研究, 12(1): 63-68.

刘姚心, 1982. 我国不同地带固沙植物种的选择[M]//中国科学院兰州沙漠研究所集刊(第一号). 北京: 科学出版社: 39-62.

刘志民, 1996. 西藏日喀则固沙植物引种的比较研究[J]. 中国沙漠, 9: 327-331.

马和平, 赵垦田, 场小林, 等, 2012. 拉萨半干旱河谷人工杨树纯林土壤容重与孔隙度变化的研究[J]. 江苏农业科学, 40(3): 328-330.

马克平, 黄建辉, 于顺利, 等, 1995. 北京东灵山地区植物群落多样性的研究[J]. 生态学报, 15(3): 268-277.

马瑞, 王继和, 屈建军, 等, 2010. 不同结果类型棉秆沙障防风固沙效应研究[J]. 水土保持学报, 24(2): 48-51.

蒙嘉文, 左林, 蔡应君, 等, 2013. 若尔盖县土地沙化现状分析及治理对策研究[J]. 四川林业科技, 34(4): 42-46.

孟宪民, 马学慧, 崔保山, 等, 2000. 泥炭资源农业利用现状与前景[J]. 农业现代化研究, 21(3): 187-191.

欧平贵, 任君芳, 罗鹏, 等, 2013. 若尔盖县沙化治理试验研究初报[J]. 四川林业科技, 34(3): 11-20.

邱兆国, 郑晓静, 2006. 化学固沙结力学性能的研究[J]. 应用力学学报, 23(2): 325-328.

屈建军, 凌裕泉, 俎瑞平, 等, 2005. 半隐蔽格状沙障的综合防护效益观测研究[J]. 中国沙漠, 25(3): 329-335.

任继周, 1998. 草业科学研究方法[M]. 北京: 中国农业出版社: 186-187.

任继周, 林慧龙, 2005. 江河源区草地生态建设的构想[J]. 草业学报, 14(2): 1-8.

任余艳, 胡春元, 贺晓, 等, 2007. 毛乌素沙地巴图塔沙柳沙障对植被恢复作用的研究[J]. 水土保持研究, 14(2): 13-15.

单保庆, 杜国祯, 刘振恒, 2000. 不同养分条件下和不同生境类型中根茎草本黄帚橐吾的克隆生长[J]. 植物生态学报, 24(1): 46-51.

四川省林业厅, 2010. 川西北地区土地沙化科学考察报告[A].

四川植物志编委会, 1981. 四川植物志[M]. 成都: 四川人民出版社.

唐小强, 朱欣伟, 杨华, 等, 2013. 川西北若尔盖县沙化草地综合治理模式探讨[J]. 四川林业科技, 34(5): 48-50.

田大伦, 陈书军, 2005. 樟树人工林土壤水文物理性质特征分析[J]. 中南林学院学报, 02: 1-6.

童蕴慧, 郭桂萍, 徐敬友, 2004. 拮抗细菌诱导番茄植株抗灰霉病机理研究[J]. 植物病理学报, 34(6): 507-511.

王常慧, 邢雪荣, 韩兴国, 等, 2004. 草地生态系统中土壤氮素矿化影响因素的研究进展[J]. 应用生态学报, 15(11): 2184-2188.

王春明, 包维楷, 陈建中, 等, 2003. 岷江上游干旱河谷区褐土不同亚类剖面及养分特征[J]. 应用与环境生物学报, 3: 230-234.

王丹, 宋湛谦, 高士斌, 等, 2006. 高分子材料在化学固沙中的应用[J]. 生物质化学工程, 40(3): 44-47.

王利兵, 胡小龙, 余伟莅, 2006. 沙粒粒径组成的空间异质性及其与灌丛大小和土壤风蚀相关性分析[J]. 干旱区地理, 05: 688-692.

王仁忠, 李建东, 1996. 松嫩平原南部主要群落植物多样性的比较研究[J]. 应用生态学报, 7(14): 367-385.

王韶唐, 1983. 植物生理生化研究进展[M]. 北京: 科学出版社: 120 -133.

王涛, 2003. 我国沙漠化研究的若干问题——2. 沙漠化的研究内容[J]. 中国沙漠, 23(5): 477-482.

王涛, 吴薇, 薛娴, 等, 2003. 中国北方沙漠化土地时空演变分析[J]. 中国沙漠, 23 (3): 230-235.

王涛, 朱震达, 2001. 中国北方沙漠化的若干问题[J]. 第四纪研究, 21(1): 56-64.

王文颖, 王启基, 2001. 高寒嵩草草甸退化生态系统植物群落结构特征及物种多样性分析[J]. 草业学报, 10(3): 8-14.

王银梅, 韩文峰, 湛文武, 2001. 化学固沙材料在干旱沙漠地区的应用[J]. 中国地质灾害与防治学报, 15(2): 78-81.

王银梅, 湛文武, 2007. 新型化学固沙材料性能的试验研究[J]. 水土保持通报, 27(1): 108-112.

王振亭, 郑晓静, 2002. 草方格沙障尺寸分析的简单模型[J]. 中国沙漠, 22(3): 229-232.

魏婷婷, 2011. 共和盆地沙质荒漠化过程植被群落特征变化[J]. 生态环境学报, 20(12): 1788-1793.

魏占雄, 2009. 高寒沙区生态恢复对植物物种多样性的影响[J]. 草业与畜牧, 7: 36-51.

吴征镒, 1991. 中国种子植物属的分布区类型[J]. 云南植物研究, 增刊Ⅳ: 1-139.

吴征镒, 王荷生, 1983. 中国自然地理——植物地理: 上册[M]. 北京: 科学出版社: 29-103.

吴征镒, 周浙昆, 李德铢, 等, 2003. 世界种子植物科的分布区类型系统[J]. 云南植物研究, 25(3): 245-257.

吴正, 1991. 浅议我国北方地区的沙漠化问题[J]. 地理学报, 46(3): 266-276.

吴正, 钟德才, 1993. 中国北方地区沙漠化的现状与趋势之窥见[J]. 中国沙漠, 13(1): 21-27.

星学军, 2009. 黄河源区高寒草甸不同退化阶段草地特征研究[J]. 安徽农业科学, 37(22): 10578-10580.

修竹奇, 刘明义, 1995. 植物网格沙障防风固沙试验研究[J]. 中国水土保持, 8: 33-34.

徐宁, 吴兆录, 李正玲, 2008. 滇西北亚高山不同土地利用类型土壤容重与根系生物量的比较研究[J]. 安徽农业科学, 05: 1961-1963.

徐先英, 唐进年, 金红喜, 等, 2005. 3 种新型化学固沙剂的固沙效益实验研究[J]. 水土保持学报, 19(3): 62-65.

许皓, 李彦, 邹婷, 等, 2007. 梭梭(Haloxylon ammodendron)生理与个体用水策略对降水改变的响应[J]. 生态学报, 27(12): 5019-5028.

鄢武先, 邓东周, 余凌帆, 等, 2015. 川西北地区沙化土地治理有关技术问题探讨——以川西北防沙治沙试点示范工程为例[J]. 四川林业科技, 36(3): 62-68.

杨世琦, 高旺盛, 隋鹏, 等, 2005. 共和盆地土地沙漠化因素定量研究[J]. 生态学报, 25(12): 3181-3187.

杨允菲, 李建东, 郑慧莹, 1997. 松嫩平原光稃茅香无性系种群的营养繁殖特征[J]. 应用生态学报, 8: 571-574.

杨志国, 孙保平, 丁国栋, 等, 2007. 应用生态垫治理流动沙地机理研究[J]. 水土保持学报, 21(1): 50-53.

袁立敏, 高永, 汪季, 等, 2014. 沙袋沙障对流动沙丘地表风沙及植被恢复的影响[J]. 水土保持学报, 34(1): 46-50.

袁立敏, 高永, 虞毅, 等, 2010. PLA 沙障对土壤硬度的影响[J]. 中国水土保持科学, 8(3): 172-177.

岳明, 任毅, 党高弟, 等, 1999. 佛坪国家级自然保护区植物群落物种多样性特征[J]. 生物多样性, 7(4): 263-269.

张斌斌, 马瑞娟, 蔡志翔, 2013. 3 个桃砧木品种对淹水的光合生理响应特征[J]. 西北植物学报, 33(1): 146-153.

张东杰, 2010. 共和盆地近 50 年来草地荒漠化驱动因素定量研究[J]. 水土保持研究, 17(4): 166-169.

张继义, 赵哈林, 2009. 退化沙质草地恢复过程土壤颗粒组成变化对土壤-植被系统稳定性的影响[J]. 生态环境学报, 04: 1395-1401.

张建国, 徐新文, 雷加强, 等, 2008. 塔克拉玛干沙漠腹地植物引种与适应性评价[J]. 林业科技, 33(4): 10-13.

张景光, 周海燕, 王新平, 等, 2002. 沙坡头地区一年生植物的生理生态特性研究[J]. 中国沙漠, 22(4): 350-353.

张奎壁, 邹受益, 1990. 治沙原理与技术 [M]. 北京: 中国林业出版社.

张瑞麟, 刘果厚, 崔秀萍, 2006. 浑善达克沙地黄柳活沙障防风固沙效益的研究[J]. 中国沙漠, 26(5): 717-721.

张堰青, 1990. 不同放牧强度下高寒灌丛群落特征和演替规律的数量研究[J]. 植物生态学与地植物学学报, 14(4): 358-364.

张永秀, 2009. 青海共和盆地高寒流动沙丘快速治理技术[J]. 青海大学学报(自然科学版), 27(4): 56-64.

张蕴薇, 韩建国, 李志强, 等, 2002. 放牧强度对土壤物理性质影响[J]. 草地学报, 10(1): 74-78.

赵光荣, 江陵, 2012. 防风固沙工程效果评价方法综述[J]. 新疆农业科技, 1: 41.

赵其国, 1990. 人类活动与土地退化. 中国土地退化防治研究[G]. 北京: 中国科学技术出版社, 1-5.

赵世伟, 周印东, 吴金水, 等, 2002. 子午岭北部不同植被类型土壤水分特征研究[J]. 水土保持学报, 16(4): 119-122.

赵玉红, 魏学红, 苗彦军, 等, 2012. 藏北高寒草甸不同退化阶段植物群落特征及繁殖分配研究[J]. 草地学报, 20(2): 221-228.

赵忠, 王安禄, 2002. 青藏高原东缘草地生态系统动态定位监测与可持续发展要素研究——Ⅱ高寒草甸草地生态系统植物群落结构特征及物种多样性分析[J]. 草业科学, 19(7): 5-9.

郑元润, 1988. 大青沟森林植物群落物种多样性研究[J]. 生物多样性, 6(3): 191-196.

中国科学院植物研究所, 1972. 中国高等植物图鉴[M]. 北京: 科学出版社.

中国科学院中国植物志编辑委员会, 2004. 中国植物志[M]. 北京: 科学出版社.

周丹丹, 2009. 生物可降解聚乳酸(PLA)材料在防沙治沙中的应用研究[D]. 呼和浩特: 内蒙古农业大学.

周广生, 梅方竹, 周竹青, 等, 2003. 小麦不同品种耐湿性生理指标综合评价及其预测[J]. 中国农业科学, 36(11): 1378-1382.

周华坤, 赵新全, 温军, 等, 2012. 黄河源区高寒草原的植被退化与土壤退化特征[J]. 草业学报, 21(5): 1-11.

周家福, 2008. 川西北沙化草地生态恢复过程中植被与土壤变化研究[D]. 雅安: 四川农业大学.

朱俊凤, 朱震达, 1999. 中国沙漠化防治[M]. 北京: 中国林业出版社.

朱震达, 陈广庭, 1994. 中国土地沙质荒漠化[M]. 北京: 科学出版社.

朱志红, 王刚, 1996. 群落结构特性的分析方法探讨[J]. 植物生态学报, 20(2): 184-192.

Allington G R H, Valone T J, 2010. Reversal of desertification: the role of physical and chemical soil properties [J]. Journal of Arid Environments, 74: 973-977.

Berry J A, Downton W J S, 1982. Environmental Regulation of Photosynthesis[M] // Govind J, ed. Photosynthesis (Vol Ⅲ). New York: Academic Press: 263-343.

Compiling Committee of Yanchi Chronicle, 2002. Yanchi Chronicle[M]. Yinchuan: Ningxia People's Press: 48-50.

Cui N B, Du T S, Kang S Z, et al., 2009. Relationship between stable carbon isotope discrimination and water use efficiency under regulated deficit irrigation of pear-jujube tree[J]. Agricultural Water Management, 96(11): 1615-1622.

Demir Y, Kocacaliskan I, 2002. Effect of nacl and proline on bean seedlings cultured in vitro [J]. Biol Plantarum, 45 (4): 597-599.

Farquhar G, Caemmerer S, Berry J A, 1980. A biochemical model of photosynthetic CO_2 assimilation in leaves of C3 species [J]. Planta, 149: 78-90.

Fernando T M, Adria N E, 2009. Is the patch size distribution of vegetation a suitable indicator of desertification processes? [J]. Ecology, 90(7): 1729-1735.

Gagnaire-Renou E, Benoit M, Forget P, 2001. Degradation of sandy arid shrubland environments: observations, process modelling, and managementimplication[J]. Journal of Arid Environments, 47: 123-144.

Grace J M, Ascough J C, Flanagan D C, 2001. Impact of grass species on erosion control from forest road sideslopes[J]. Soil Erosion，12: 192-195.

He J, Xing E, Guo J Y, et al., 2011. Study on threshold expansion of the carrying capacity in desert grassland within the environmental capacity of grass and water resources[C]. International Conference on Remote Sensing : 2620-2624.

Helld N U, Tottrup C，2008. Regional desertification: a global synthesis[J]. Global and Planetary Change, 64(3-4): 169-176.

Jia Z Q, Zhu Y J, Liu L Y, 2012. Different water use strategies of juvenile and adult Caragana intermediaplantations in the Gonghe Basin, Tibet Plateau[J]. Plos One, 7(9): 902.

Long S P, Humphries S, Falkowski P G, 1994. Photoinhibition of photosynthesis in nature[J]. Annual Review of Plant Physiology and Plant Moleculer Biology, 45: 633-662.

Marshall J, Rutledge R, Blumwald E, et al., 2000. Reduction in turgid water volume in jack pine, white spruce and black spruce in response to drought and paclobutrazol[J]. Tree Physiol, 20: 701-707.

Reynolds J F, 2007. Global desertification: building a science for dryland development[J]. Science, 316: 847-851.

Rouhi V, Samson R, Lemeur R, et al., 2007. Photosynthetic gas exchange characteristics in three different almond species during drought stress and subsequent recovery[J]. Environmental and Experimental Botany, 59(2): 117-129.

Srivastava O P, Huystee R B, 1973. Evidence for close association of peroxidase, polyphenol oxidase, and IAA oxidase isozymes of peanut suspension culture medium [J]. Canadian Journal of Botany, 51: 2207-2215.

Tucker C J, Dregne H E, Newcomb W W, 1991. Expansion and contraction of the Sahara Desert from 1980 to 1990[J]. Seience, 253(5017): 299-300.

Turner R M, 1990. Long-term vegetation change at a fully protected Sonoran desert site[J]. Ecology, 71(2): 464-477.

UNCCD, 1977. Ecological change and desertification, background document.

UNCCD, 1994. United Nations convention to combat desertification in those countries experiencing serious drought and/or desertification, particularly in Africa.

Whittaker R H, 1972. Evolution of measurement of species diversity[J]. Taxon, 21: 213-251.